進化生物学

DNAで学ぶ
哺乳類の多様性

佐藤淳

東京大学出版会

Evolutionary Biology:
What to Learn from Mammalian Diversity Based on DNA?
Jun SATO
ISBN978-4-13-062234-9
University of Tokyo Press, 2024

はじめに

「ロマンがありますね」と、よくいわれる。進化の研究に関わらない人々から見ると、進化生物学者は、そもそも一般的な意味での「明らかにする」ことのできない、ロマン以外では説明しようのないものごとを学ぶ人々に見えるのだろう。しかし、よくよく考えてみると、今読者がこの本を読むことができているのは、進化のたまものである。本を手に取ってみたときに、親指が他の指と向き合っているのはなぜか？　それは木の枝や道具をつかむことのできたわたしたちの祖先の特徴である。本の表紙がカラフルに見えるのはなぜか？　それは森のなかで果実を見つけることのできたわたしたちの祖先の特徴である。自分自身のことを考えても、多くの特徴には進化上の理由がある。わたしたちは進化や退化の制約のなかで生きているのである。

「今も進化してるの？」これもよく聞かれる質問である。生物には寿命がある。そして、この有限の世界では、生き残ることのできる生物は限られている。今もどこかである生きものが死に、別の生きものが生き残ることが繰り返されている。その積み重ねが進化のプロセスそのものなのだ。その変化は、小さな時間スケールでは目に見えにくい。そして1個体を見ているだけではわからない。生物の集団を対象に、長い時間スケールでものごとを考え、その長い時間スケールのなかで生じた集団における変化を理解する必要がある。そのような小さな変化の痕跡を見つけるのは簡単なことではない。しかし、だからこそ、その小さな進化の痕跡を見つけることができると嬉しいものである。やっぱりロマンなのだろうか？

進化生物学は生物学の統合分野であると多くの生物学者たちは感じている。生物学のすべての分野を進化の視点で見てみると、腑に落ちることがよくある。進化生物学を語りだすと、とても1冊の本では終わらない。すべてを体系的に約150ページにまとめることはとうていできないのである。であれば、わたしの役割は、自身の経験を通して、初学者に進化生物学、とりわけ哺乳類の多様性の魅力、そしてその研究の面白さを感じてもらうことに注力するほうがこの本の存在意義が生まれるのであろう。特に地方の私立大学に勤めるわたしが人生において感じている最大の役割は、「初学者にわかりやすく解説すること」である。進化生物学なんて関係ないと思っている人たちに、その面白さと必要性をわかりやすく伝えること、進化生物学の研究者になりたいとかすかに感じている学生たちに自信を持ってもらうことである。わたしが進化の研究を通して学んだことを少しでもわかりやすく皆さんにお届けしたい。背伸びをするつもりもないし、きらびやかに飾るつもりもない。身の丈に合った進化生物学をここに展開したい。研究を始めて20年の中間報告と位置づけ、本書を執筆した。進化生物学は身近な世界を読み解くためのレンズを提供してくれる。そうした世界の見方が伝わることを願っている。本書では哺乳類を例としてわたしの経験から進化を語ってみたいと思う。

まず、第1章では、わたしの研究フィールドである瀬戸内海島嶼（とうしょ）に生息するアカネズミの生物地理学の研究を紹介する。また、遺伝情報の基礎と突然変異も解説する。第2章では、進化が起こるメカニズムや日本列島の地理的特殊性を解説し、日本列島の構造が哺乳類の由来や分布に与えた影響を議論する。第3章では、わたしが世界に先駆けて明らかにしてきたレッサーパンダやイタチ科などの大進化に関する研究を紹介する。さらに、DNAを使った分子系統学の理論や分子系統学者と形態学者の間の分類をめぐる論争を紹介する。第4章では退化に着目し、主にアザラシ、アシカ、セイウチにおける味覚の遺伝子の退化と生態や生物地理との関わりを解説する。第5章では、この20年で進化生物学を革新的に進歩させたテクノロジーである遺伝情報の決定技術について解説する。そして最終章である第6章では、社会の種々の側面における進化生物学の役割を考える。

進化生物学は、生物学者のみならず、すべての学問分野の研究者、そして一般の人々すべてに知っていただきたい学問である。しかし、それとは裏腹に、進化生物学が社会に浸透し、重要な学問であると認知されることが少ないのはなぜだろうか？　ロマンを感じるほど遠いできごとであり、今のわたしたちの生活には全く関係のないことであると多くの皆さんが感じているのはなぜだろうか？　本書では、身近な進化生物学から書き始め、なぜ、進化生物学が現代社会にとって必要なのかを考えてみたい。

目次

1 美しい島

1.1 多島海

「なんてきれいな景色だろう」。静かな海に島が点々と存在する多島海。荒く冷たい海が押し寄せる北海道で生まれ育ったわたしにとって、それまで見たこともない心休まる静かな瀬戸内海の風景が目の前に広がっていた（図 1-1）。大学院修士課程を修了し、「一旗揚げろ」と背中を押されながら、博士の学位もないままに縁もゆかりもない土地に移り住んだ。不安と根拠のないやる気が入り混じるなかで、この美しい瀬戸内海の島々は、新しい研究を始めようとするわたしにインスピレーションを与えるのに十分な景観であった。

そもそも島は進化生物学の舞台としてしばしば登場する。1960 年代から島

図 1-1　尾道千光寺公園展望台からの瀬戸内海の風景（2020 年 1 月 4 日筆者による撮影）

嶼生物学という学問も注目されるようになり、島の生物の進化や生態に関する研究から多くの生物学の理論が構築されてきた。かのチャールズ・ダーウィンが生物の進化を着想したのもガラパゴス諸島における生物の多様性に触れたことが大きな理由である。アルフレッド・ウォレスも、東南アジアの多島海において、狭い海峡により隔てられた島の間で、生息している生物の種類が異なることにヒントを得て、生物相の分布に境界線があることを発見した。島という有限の世界は生物の進化を他では見られない方法で促進しているように見える。では、そのメカニズムとはいったいなんなのであろうか？

瀬戸内海は近畿から九州にかけて東西に約 450 km、南北に約 15–55 km の領域を持ち、総面積は約 2 万 3203 km² にもなる日本最大の内海である（図 1–2A）（北川ら，2007）。平均水深は 38 m と浅い海であるため、海面が著しく低下した氷河期には瀬戸内海は存在しなかったと考えられている。さらに瀬戸内海の最大の特徴は、周囲 100 m を超える大小さまざまな島が 727 も存在する点にある（環境省 せとうちネット；大小の島々のことを島嶼という）。特に、これらの島々は瀬戸内海の西部に集中しており、尾道市（広島県）と今治市（愛媛県）をつなぐ「しまなみ海道」沿いにある芸予諸島の周辺海域はまさに多島海と呼ぶにふさわしい（図 1–2B）。これらの芸予諸島は、わたしが研究の舞台とする島々となった。瀬戸というのは、もともと狭き門のことであり、島と島の間に流れの速い海流が存在する。その海流は満潮に向かう上げ潮と干潮に向かう下げ潮の際には方向を変える点で興味深い。上げ潮時には、海流が紀伊半島と四国の間の紀伊水道と、九州と四国の間の豊後水道を通って、瀬戸内海の中心部へと向かって流れ込み、広島県福山市にある鞆の浦の近くでぶつかる（図 1–2）。下げ潮時にはその反対方向に流れる。したがって、鞆の浦は潮待ちの港と呼ばれ、古来より、潮の流れの変化を待つ船の休憩地点であった。これらの潮流の変化は、一時期、芸予諸島海域で活発に活動していた村上水軍の行動にも影響をおよぼしたことであろう。自然が文化に強く影響をおよぼした場所なのである。瀬戸内地域には、古くから里山・里海文化が根ざしており、そうした自然とヒトとが密接につながってきた文化の歴史がここにはある。

これらの島々を使って、なにか面白い研究ができないだろうか？　そう考えてから約 20 年の間、野ネズミの進化や生態に関する研究を進めてきた。この研究を通して、研究の舞台の設定から、対象種のサンプリング、実験、解析、

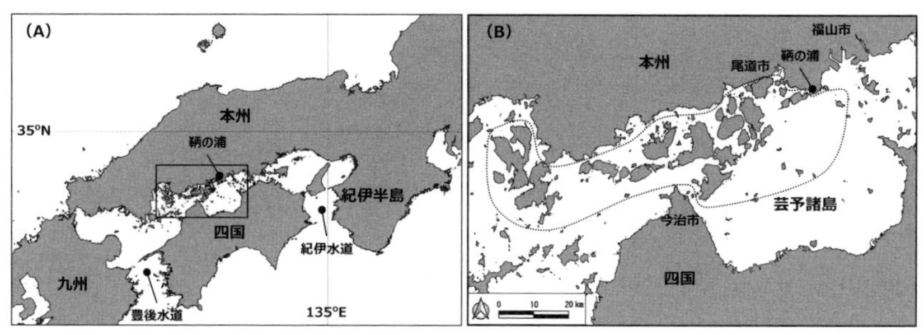

図1-2　(A) 瀬戸内海を中心とした西日本の地図。(B) 芸予諸島に焦点をあてた瀬戸内海周辺域の地図。(A) の黒枠を拡大した。

学会や論文での報告、本の執筆、そしてなによりも学生の指導までをおこなうことができた。自分自身で1から10まで実施できたとようやく実感することのできた内容である。身の丈に合った研究ができていると感じた研究内容でもある。わたしはものごとを理解するのが本当に苦手である。「本を執筆しているのに嘘をつけ」と思われるかもしれない。でも本当なのだ。勉強はしているのにどうにも理解する力が乏しいようだ。おそらくは必要かどうかもわからないまま最初から体系的にものごとを覚えるのが苦手だったのだろう。今、わたしはいろいろな具体的な研究を進めるなかで、学ぶ必要のある学問や方法論がはっきりとしており、それらに力を注ぐことができている。「具体的な経験から学問を学ぶ理由を見つける」ことのほうが、「体系的に学問を学んでから具体的な研究を探す」よりも、わたしには合っている。そのうち、いつかは体系的に学問を学ぶことの必要性を感じるときがくるはずである。もし、今、体系化されたカリキュラムにしばられているごく普通の大学で、学ぶ意義を見出せず、教員の言葉も皆さんに刺さらない場合でも、心配する必要はない。現場に飛び込み、あれこれと悩み経験を重ねることで多様な視点で学ぶことの「必要性」が必ず生じる。そういう意味で、本書ではまず瀬戸内海の島々の野ネズミの研究という、わたしが悩みながらも1から始めることのできた研究を取り上げたいと思った。そのほうが、皆さんが同じ気持ちで研究を始められると思ったからだ。本章の残りの節では、寄り道をしながらも約20年の間、少しずつ進めてきた瀬戸内海の美しい島々の野ネズミの進化に関する研究を紹介し、その過程で、進化生物学において学ぶべきDNAの特徴について解説したい。

1.2 素朴な疑問

さて、本書は進化生物学の本である。生きものが世代を超えてどのように変わってきたのかを話さねばならない。進化生物学と聞くと多くの人はものものしい雰囲気を感じ、進化生物学を学びたいと考えている大学1、2年生でさえもなにか特別な研究室に入らないと進化の研究はできないのではないかと感じるかもしれない。世界中を旅して、サンプルを集めなければならないのではないかとか、動物園や植物園、水族館や博物館と共同研究しないといけないのではないかとか、1人ではとてもできる代物ではないかもしれないと感じるかもしれない。もちろん、そのような研究もある（第3章と第4章）。しかし、身近に進化生物学の題材はたくさんあるものである。本書を通して進化生物学を志す若い皆さんに理解していただきたいことは「有限のなかに進化の題材がある」ことである。空間が限られていたり、餌資源が限られていたりするからこそ進化は起こる（第2章）。そもそもこの世の中、地球という有限の世界で成り立っている。わたしたちは日本という島国に生きている。そのようななかでは、進化は起こらざるをえない。わたしの場合、偶然にも瀬戸内海の美しい島という有限の世界と出会い、ごく単純で素朴な疑問を感じたことがひとつの進化の研究を始められたきっかけであった。その疑問というのは、「瀬戸内海の島の生きものたちはどのような進化の道のりをたどってきたのだろうか？」ということである。こうした疑問が浮かんだときには、たいてい前後の文脈は明らかではない。なにを学ぶべきなのか、これを明らかにしてなにかよいことでもあるのか、そうした肉づけは考えることができていないのが、このように「ぼやっとした疑問」を感じたときの状況である。しかし、このような素朴な疑問は大切にしてほしい。そのときには説明できなくとも、調べ上げることで、きっと人々は研究の意義を理解してくれるはずである。

まず、瀬戸内海の歴史を紐解いていこう。日本列島の地史については第2章で説明するので、ここでは瀬戸内海が形成された比較的最近の話をしたい。最近といっても一般的にはずいぶんと古い時代のことである。地球は258万年前以降、更新世という時代に入った。この時代は、氷期と間氷期が繰り返されて、寒い時代と暖かい時代が交互に訪れた時代である。なぜ、氷期と間氷期が繰り返されるのかというと、ミランコビッチ・サイクルという地球の公転と自転の際に生じる周期的な変化が原因である（佐野ら，2022）。太陽の光を多く浴びると暖かくなり、少ないと寒くなるのだが、その日射量に周期的な変化が生じるのだ。たとえば、太陽を中心とした地球の公転の軌道は楕円になったり円に近くなったりすることで、地球が太陽から遠ざかったり近くなったりする（離心率が変化する）。こうした変化が10万年周期で起こる。また、地球が自転する軸の太陽に対する傾き（地軸の傾き）が4万1000年周期で変化し、それにより地球上の各地で太陽から受ける光の量が変化する。さらに、地球が自転する軸は2万3000年周期でコマのようにずれ（歳差運動）、このことによっても太陽から受ける光の量が変化する。こうした周期の組み合せにより、寒い時代と暖かい時代が交互に訪れたのである。最近の約80万年においては、約10万年周期で氷期と間氷期のサイクルがあったことが知られている。氷期には、大陸の水が凍るため陸から海に水が流れ込まないことが原因で、海の水面の高さ（海水準）が低下する。反対に間氷期には溶けた陸の水が海に流れ込むため、海水準は上昇する。約2万年から2万5000年前には最終氷期最盛期（Last Glacial Maximum; LGM）という最終氷期において最も寒い時期があり、海水準は今よりも120 mから140 mほども低下したことが知られている（図1-3；Spratt and Lisiecki, 2016）。上で述べたように、瀬戸内海の平均水深は約38 m

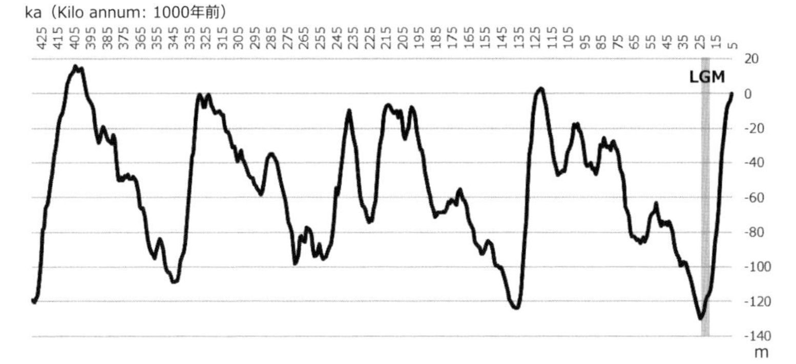

図1-3　海洋堆積物コアデータにおける有孔虫の炭酸塩の酸素同位体比（$\delta^{18}O$）から推定された過去の海水準の変動（Spratt and Lisiecki, 2016）。酸素には質量数16と18の同位体が存在する。通常、海の水（H_2O）のなかから、軽い質量数16の酸素を持つ水がより多く蒸発し、それが雨となって陸に降り注ぎ、川に流れて海に戻るというサイクルを繰り返す。寒い時期には陸の水が凍るために、質量数16の酸素を持つ水が海に戻りにくくなるので、海の水における質量数18の酸素の割合が増える。つまり、質量数18の酸素同位体の量的変動により、過去の温度の変遷を推定することができる。このことから、海水準の変遷を推定する。LGMは最終氷期最盛期（Last Glacial Maximum）の略語。

であるため、たとえば、120 m も海水準が下がると、現在、瀬戸内海となっている海域は、ほとんど陸地と化したことになる。最終氷期最盛期の後、地球はしだいに暖かくなり、約1万年前には最終氷期が終了した（更新世は1万1700年前まで）。現在は間氷期なのである。その過程で、海水準もしだいに上昇し、満潮に向かう上げ潮時の海流のように、紀伊水道と豊後水道から海水が瀬戸内海地域に流れ込み、その結果、瀬戸内海が形成された。貝形虫類の化石の分析によると、約8000年前には、東西から流れてきた海流が中央部でつながることで瀬戸内海が完成し、現在の島の形が見られるようになったと推定されている（Yasuhara, 2008）。このように島がかたちづくられることで、陸地に生息していた生きものは島に閉じ込められたのである。

瀬戸内海の地史については、広島大学で研究をしていた桑代勲氏（1931-1971）の研究を紹介しなければならない。わたしは本や論文で桑代氏の研究成果を知るのみであるが、研究の半ばで若くして亡くなられたようである。その後、桑代氏が執筆中であった学位論文と思われる資料にもとづき、1972年に桑代勲遺稿出版委員会から『瀬戸内海の地形発達史』が刊行された（桑代, 1972）。この本の存在に気づいたわたしは早速、古本屋で探し、1冊だけ探しあてたものを値段も見ずに購入した。その本のなかでは、第四紀後半における海底の地形に関する地質学的な研究成果についてまとめられていた。氷期における陸地の基底面を割り出し、そしてその基底面よりも深い溝（沈水谷）には水系（河川）があったことが書かれている。海底は常に削られたりはがされたり（削剝）、または堆積物が積もったり（埋積）と変形が加わるため、沈水谷の配置を復元することはむずかしいことも述べられてはいるが、桑代氏が残した復元図は瀬戸内海の成り立ちを考えるうえで大変重要な示唆を与えてくれた。それをまとめたものが図1-4である。瀬戸内海の東側には紀淡川が、西側には豊予川が流れており、それぞれ島の間を擦り抜けるように、現在の本州、四国、九州の河川とつながっている様子がわかる。これらの古代河川は、もし本当に存在したとするならば、瀬戸内海の島に生息する生きものの進化に影響を与えたに違いない。

ここで、本書でしばしば登場するアカネズミ（*Apodemus speciosus*）を紹介したい（図1-5）。本種は日本の森に生息するネズミ科の野ネズミであり、日本にだけ生息する固有種である。北海道、本州、四国、九州と、その周辺の島々に生息し、琉球諸島にはいない。瀬戸内海の島々にもアカネズミは生息している。DNAの情報をユーラシア大陸にいる近縁な種と比較してみると大きな違いが見られ、日本のアカネズミと大陸の近縁種は約600万年前に分かれたと推定されている（Suzuki *et al.*, 2003, 2008）。つまり、日本のアカネズミは、ヒトとチンパンジーがアフリカで異なる進化の道のりを歩み始めたのと同じくらいの時代に、大陸の近縁種から分岐したということになる。日本の国土の約3分の2は森であるため、アカネズミは日本中の森林生態系で重要な役割を持っている。瀬戸内海の島々のアカネズミについて、ウンチのなかに含まれている生きもののDNAを分析してみると、堅果（ドングリ）をつくるブナ科の植物を秋から春にかけて食べていることがわかった（Sato *et al.*, 2019b, 2022, 未発表）。アカネズミは食べものが少なくなる冬に備えて、秋に堅果を貯め込む貯食という習性を持つ（島田, 2022）。ただし、すべての堅果が食べられるわけではなく、食べられなかった堅果は芽を出し、次世代の樹木に成長する。したがって、アカネズミは、森を維持するうえで重要な生物なのである。また、果樹や森林の害虫である蛾やカメムシなどを食べることもわかってきた。瀬戸内海の島々に多く存在する

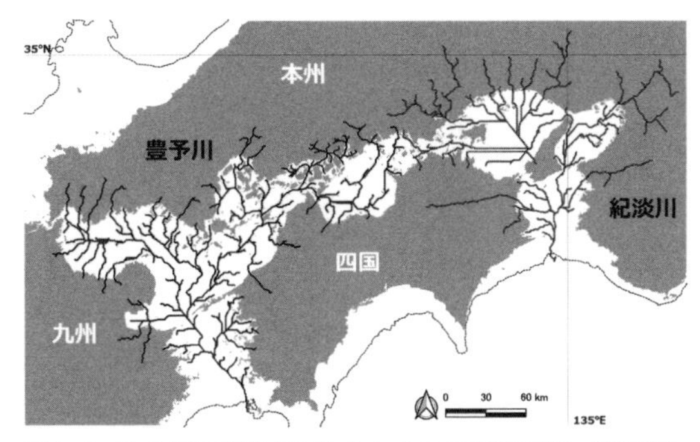

図1-4　約2万年前に存在したとされる古代河川。GEBCO_2019 Gridのデータから再現した海水面が120m低下したときの瀬戸内海周辺の地図（GEBCO; General Bathymetric Chart of the Oceans）。西に豊予川（黒色の線）、東に紀淡川（灰色の線）が流れていたと考えられている。

図1-5　江田島のアカネズミ（2019年6月1日筆者による撮影）

果樹園において、アカネズミは農業被害を抑える役割も持っているのかもしれない。アカネズミは、人知れずわたしたちの生活にも関わる生きものなのだ。

さて、瀬戸内海の島々のアカネズミはどのような進化の道のりを歩んできたのだろうか？　アカネズミは地上性の生きものであるため、最終氷期最盛期には、陸地と化した瀬戸内海地域にも生息していたと思われるが、はたして本当だろうか？　アカネズミはたいてい年に1–2回繁殖をおこなうため、世代交代時間は1年から半年程度となる。瀬戸内海の島々は約8000年前には隔離されているので、瀬戸内海の島々のアカネズミはそれぞれの島に隔離されてから、少なくとも8000世代は経過していることになる。8000世代とはどれくらい長い時間なのであろうか？　ヒトの1世代を20年と仮定してみよう。8000世代とは16万年に相当する。ホモ・サピエンスが世界中に拡散する前にはアフリカに生息していた。その最古の化石として知られているのが16万年前のエチオピアの地層から発見されたホモ・サピエンス・イダルトゥーである。つまり、現在、世界中に拡散したヒトの間で見られる程度の“違い”が、瀬戸内海の島々のアカネズミの間で見られてもおかしくないのである。そうした違いをたどっていくことで、瀬戸内海の島々のアカネズミの進化の道のりをたどれるはずである。それではアカネズミのどのような“違い”を知ることができれば、進化がわかるのだろうか？

1.3 記録媒体

進化を語るということは、過去のことを語ることになる。過去のことを知るためには、過去に生じたできごとの痕跡を探らなければならない。最も直接的な方法は、過去を記す地層に残された化石と現在生きている生物を比較することによって、その違いにもとづき進化を探る方法である。しかし、多くの場合、化石はまれな存在であり、哺乳類ひとつとってみても多くは語ってくれない。さらに頻繁な地殻変動や湿潤な気候も影響して日本には化石が残りにくいようだ。過去を探るもうひとつの方法は、現在生きている生物のなかに過去の痕跡を探ることである。

生物には親がおり、親にはまた親がいる。もちろんDNAという遺伝物質が持つ生物の設計図としての情報が親から子へと受け継がれる。そして重要なことに、その遺伝情報は“変化”して、“違い”をもたらす。もし生物が生まれてこのかた、DNAに変化を受けずに現在に至ったならば、わたしたちに過去を推定するすべは残されていない。しかし、幸いにもDNAは変化してくれているのである。その変化をたどることで進化を語ることができそうである。このように「変化しながら継承される記録媒体」は過去のできごとの証拠を提供してくれる。DNAの分析が技術的にむずかしかった時代には、進化を探る主なツールは形態であった。今も化石の研究では、形態の分析がほとんどである。しかしながら、収斂（しゅうれん）進化や成長による形の変化などに惑わされないことや、なんといっても、ある程度、時間を反映して変化することなど（第3章で詳述）、DNAには進化を探るツールとしての利点が多い。ここではまずDNAの基礎について復習しよう。DNAや突然変異について人に説明できる程度に詳しい読者は、本節1.3と次節1.4は読み飛ばしてもらってもかまわない。

DNAはデオキシリボ核酸（Deoxyribonucleic Acid）の略称である。DNAは二重らせん構造をとり、それぞれの1本の鎖はヌクレオチドという単量体（モノマー）を単位としてつながっている。ヌクレオチドを構成するのはリン酸、糖、そして塩基である（図1-6A）。塩基にはアデニン（A）、シトシン（C）、グアニン（G）、チミン（T）の4種類がある。モノマーであるヌクレオチドがつながっていくことで1本の鎖（重合体；ポリマー）ができあがる。その結果、さまざまな塩基を持つヌクレオチドがつながれていくことになる。ところで、ヌクレオチドの糖を構成する炭素にはそれぞれ番号がついている（図1-6A）。あるヌクレオチドの糖の3番目の炭素についた水酸基（-OH）と、次につながるヌクレオチドの糖の5番目の炭素についたリン酸との間で、ホスホジエステル結合が形成されることで、2つのヌクレオチドはつながる（図1-6B）。DNAは、常にこの5番目から3番目の方向に新しいヌクレオチドがつながっていく。そしてDNAの2本の鎖は逆方向を向いている。片側の1本鎖が上から下に向かって5番目から3番目の方向にある場合、反対側の1本鎖は下から上に向かって5番目から3番目の方向にあるのだ（図1-6B）。それらの2つの鎖の間では隣り合ったヌクレオチドの塩基と塩基が、水素結合という熱に弱い結合で緩くつながっている（図1-6B）。アデニンはチミンと、シトシンはグアニンと結合する（それぞれ相補的な塩基と呼ぶ）。つまり、DNAの2本鎖は逆平行に絡まり合うことで二重らせんを形成していることになる。この

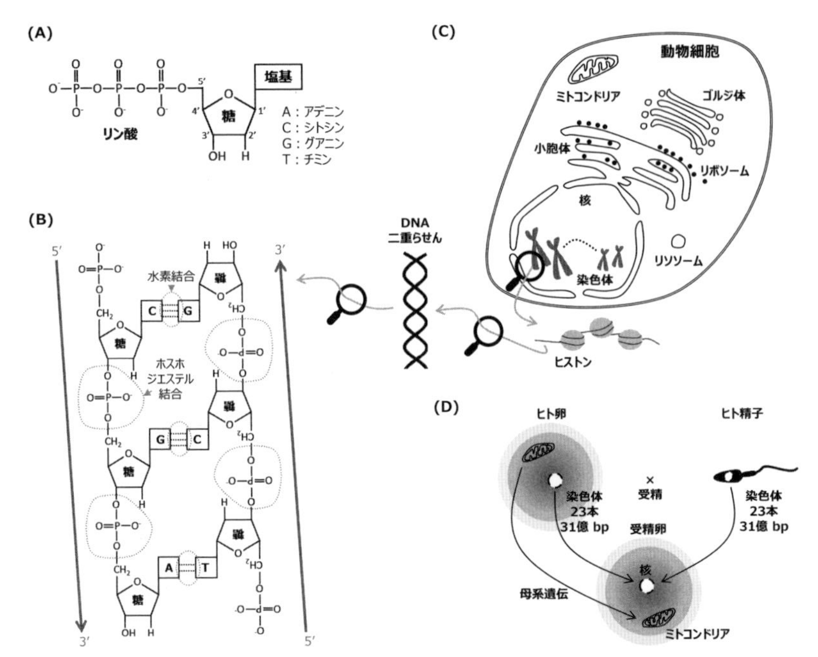

図 1-6 (A) DNA を構成する単位となるヌクレオチド（デオキシリボヌクレオシド三リン酸）。リン酸、糖、塩基からなる。塩基には A、C、G、T の 4 種類がある。糖につけられた数値は炭素の番号である。(B) ホスホジエステル結合により 1 本鎖の DNA が結合する様子と、水素結合により 2 本鎖が結合する様子を示す。DNA 合成の方向は常に 5′から 3′の方向に進み、DNA の 2 本鎖はおたがいに逆方向を向いている。(C) 動物細胞内の主要な細胞小器官を示す。そのなかで核内にある染色体を拡大して見える DNA とヒストンタンパク質の複合体であるヌクレオソームを細胞の下に示す。それをさらに拡大して見える DNA の二重らせん構造から、(B) で示すヌクレオチドの結合様式へとつながる。(D) ヒトにおける核 DNA とミトコンドリア DNA の遺伝様式の違いを示す。bp は base pair（塩基対）を表す。

ように、熱に弱い水素結合で 2 本鎖が形成されていることと、2 本鎖が逆平行であるという特徴は、後に PCR が開発された際にヒントとなった（第 5 章）。どのような生物であっても、卵や精子といった生殖細胞が形成される過程において DNA の塩基にはさまざまな変化が生じるため、塩基の並び方は生物の個体それぞれに固有なものとなる。この塩基の並び方の違いにもとづいて進化を語ることができそうである。

ところで生物あるいは生命とはなんであろうか？　まず、生物とは物質的な言葉であり、生命とは概念的な言葉である。ここでは生物という言葉を使う。一般的な定義では、生物であるためには、「膜を持つこと」、「自己増殖を行うこと」、そして「代謝をおこなうこと」が条件となる。現生生物では、細胞膜、

DNA、タンパク質がそれぞれの役割を担う役者である。地球が誕生したのは約46億年前で、初めて生物が誕生したのは、今も議論はあるが、およそ35億–40億年前とされる。そのころ海底熱水噴出孔と呼ばれる海底火山があった場所で、化学進化により無機物質からDNAやタンパク質の成分となる有機物質がつくられた。また、宇宙からも隕石に乗って有機物質が飛来した。そして、それらの有機物質が材料となり生物がつくりだされたのだと考えられている。生物の定義からすると、有機物質のなかで自己増殖や代謝を担う分子が膜に包まれれば、とりあえずの生物は誕生することになる。現在考えられている説では、自己増殖や代謝の機能の役割を担っていたのは、DNAやタンパク質ではなく、RNAだったのではないかとされている。実はRNAやその類似分子（誘導体）には、遺伝情報の記録とともに、触媒をおこなう能力がある。触媒能力のあるRNAをリボザイムと呼ぶ。つまり、RNAが膜で包まれるだけで生物が誕生してしまうのである。DNAから転写によりRNAがつくられ、そしてRNAから翻訳によりタンパク質がつくられる過程のことをセントラルドグマと呼ぶ。皆さんは不思議に思わないだろうか？　DNAからタンパク質ができあがるのに、なぜRNAを介さなければならないのだろう？　DNAから遺伝情報を伝えるため（メッセンジャーRNA）、それに合わせたタンパク質の材料であるアミノ酸を運んでくるため（トランスファーRNA）、タンパク質本体の合成のため（リボソームRNA）と、多くの場面でRNAがせっせと働くのである。最初の生物のキープレーヤーはRNAであったらしい。この考えはRNAワールド説と呼ばれている。RNAワールドの後には、遺伝情報の記録の機能をDNAに、触媒の機能をタンパク質に任せていったことで、現在のセントラルドグマを基本とした生物ができあがった。かくして遺伝情報の記録の役割を持ったDNAを通して、現在まで途切れることなく生物の設計図情報が変化しながらも伝わってきたのである。

そのDNAはどこにあるのか？　ひとつは細胞の核のなかにある（図1-6C）。わたしたちは母親から23本の染色体（22本の常染色体と1本のX染色体）と、父親から23本の染色体（22本の常染色体と1本のXあるいはY染色体）を受け継ぐ。核のなかの染色体を解きほぐし、引き伸ばすと、ヒストンと呼ばれるタンパク質に絡まった二重らせん構造のDNAがあらわれる（図1-6C）。ゲノムという言葉は、遺伝情報の全体を意味するが、母親から1ゲノム、父親から1ゲノムを受け継いでいることになる。DNAをつくるヌクレオチドがさまざまな塩基を持っているということは上で説明したとおりであるが、塩基配列はヒトの場合、1ゲノムにつき約31億文字（塩基対；bp, base pair）の長さを持つ。つまり、母親から31億塩基対、父親から31億塩基対をもらっているのである（図1-6D）。進化の源は、これらの文字に変化が起こることにある。わたしが研究対象とする哺乳類のゲノムサイズは、16億から84億塩基対までバリエーションがあるが、変化が起こるかもしれない場所がゲノムのなかにはたくさんあることをわかっていただけると思う。

DNAのありかはほかにもある。そのひとつがミトコンドリアである。ミトコンドリアは呼吸をつかさどる細胞小器官であることは有名である。わたしたちは、クエン酸回路や電子伝達系という代謝を介してエネルギーの源であるATPを多く得ることができる。そのミトコンドリアは独自のDNAを持っている。ミトコンドリアDNAを他の生物のDNAと比較してみると、寄生性の細菌であるリケッチア（アルファプロテオバクテリア）のDNAに類似していることが知られている。つまり、ミトコンドリアはもともと別の生物（バクテリア）であった可能性が高い。動物、菌類、植物などの真核生物は基本的にミトコンドリアを持つため、核膜を持たない細菌や古細菌などの原核生物のなかから、真核生物が誕生する際に、ミトコンドリアの祖先となった生物（バクテリア）が共生したのであろう。真核生物は原核生物と比較して、細胞も大きくなり、細胞内の物質輸送システムも発達することで、生物機能の維持に多くのエネルギーが必要となった。そして、多細胞化にとっても多くのエネルギー源を生産するミトコンドリアの存在は効果的であったに違いない。ミトコンドリアはそもそもバクテリアであったため、その名残で、ミトコンドリアDNAはバクテリアの持つDNAと同じように環状である。ヒトのミトコンドリアDNAの場合は、約1万6500塩基対の情報がある。13個のタンパク質コード領域、2つのリボソームRNA遺伝子、22個のトランスファーRNA遺伝子、1つの調節領域が存在する。ミトコンドリアは細胞質に存在するため、栄養分の蓄積を目的として細胞質を維持する卵と、卵にたどり着くために細胞質を大きく削り、移動の専門家と化す精子との間で受精をすると、受精卵のミトコンドリアは卵由来のものとなる。よって、ミトコンドリアDNAは母系遺伝をする（母親から子に伝わる；図1-6D）。ミトコンドリアは細胞あたりの個数が多く、さらにミトコンドリアDNAのコピー数も多いため、分子生物学の実験がしやすいという特徴があった。そのことで、遺伝情報を使った進化の研究の初期においては、ミトコンドリアDNAの分析が大きな貢献をした。本章の最後でも紹介するが、今でも多くの研究で使われている遺伝情報である。

1.4 遺伝的変異

生物の間で遺伝情報に違いがなければ、わたしたちに進化を探るすべは残されていない。進化生物学が前提とするのは、生物の間の遺伝的な違いである。むずかしくいうと、遺伝的変異である。その変異をもたらす現象と変異そのものには、突然変異というものものしい名前がつけられている。ヒトにおいても、親子の間でさえ、突然変異が生じる。新しく突然変異が生じる率、つまり、子のみに見られ、親に見られない突然変異の数をゲノムサイズで割った割合（μ；ミューと呼ばれる）は、ヒトの場合、$1.1-1.3\times10^{-8}$個/ゲノムサイズ/世代である（Yoder and Tiley, 2021）。つまり、約31億塩基対のゲノムサイズでは、親子の間でも、30-40個は違いが生じることになる。遺伝的変異にはいくつかの種類があり、異なる種類の遺伝的変異は、生物の進化あるいは退化の傾向を教えてくれる。進化や退化を語っていく本書のこの時点で、どのような種類の遺伝的変異があり、それがどのような意味を持つのかを理解しておくことは重要である。以下にいくつかの遺伝的変異について解説する。なお、ここで解説しない遺伝的変異については、日本進化学会が編集した『進化学事典』などの他の文献を参考にしていただきたい。

まずは核型の変異について説明しよう。核型とは染色体を形や大きさにもとづいて分類し、それを数であらわしたものである。たとえば、ヒトの場合、$2n=46$と表現するが、これは、父と母からもらった2倍体の染色体が合計46本存在することを意味する。実は、アカネズミの染色体構成は、富山市と浜松市を結ぶラインを境に東日本と西日本で異なることが知られている（図1-7；土屋, 1974）。この境界線は発見者の名前にちなみ、「土屋ライン」と呼ばれている。東日本では北海道や佐渡、および周辺の島を含めてアカネズミの核型は$2n=48$であり、西日本では四国や九州、隠岐、対馬、および周辺の島を含めて$2n=46$である。$2n=48$のアカネズミの染色体のなかで、10番目（A-10）

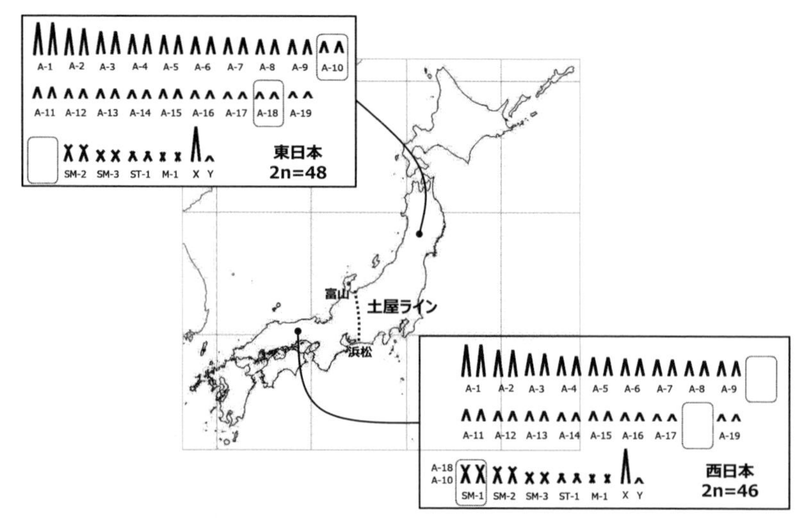

図 1-7　アカネズミの染色体核型の地理的多型（土屋, 1974）。染色体の模式図を示す。染色体は動原体の位置により、型に名前がつけられており、A はアクロセントリック型、SM はサブメタセントリック型、ST はサブテロセントリック型、M はメタセントリック型のローマ字の頭文字を意味する。X と Y は性染色体である。

と 18 番目（A-18）の染色体が融合し、$2n=46$ のアカネズミの 1 つの染色体（SM-1）を形成したか、あるいは反対に、SM-1 が分裂し、2 つの染色体になったかのように見える。このように染色体は進化の過程で、融合や分裂をすることがある。異なる染色体構成を持つアカネズミは交配することができ、$2n=47$ の個体も生まれることがわかっているため、東西のアカネズミは同種と考えられている。同種であるにもかかわらず、このような大きな違いが見られるのは不思議である。両者の間でなんらかの地理的な隔離があったのであろう。この理由については、第 2 章で再び触れたい。アカネズミの核型変異については、遺伝子の機能的な違いは生じていないように思われる。

本書で扱う突然変異の多くは、DNA 塩基配列上に見られる変化である。どのような変異が知られているのかを見ていこう。まず、比較的詳しく解読されたヒトゲノムを見てみると、ゲノムの半分以上は“繰り返し配列”と呼ばれるある単位の DNA 塩基配列が繰り返されている領域であることがわかっている（Hoyt *et al.*, 2022）。その繰り返し配列のなかでも散在反復配列と呼ばれる移動因子（トランスポーザブルエレメント）がほとんどの部分を占めている（ゲノムの 45% 以上）。名前のとおり、ゲノムのなかを移動することで、いろいろな場所に組み込まれた結果、散らばって存在しているDNA領域である。たとえば、レトロトランスポゾンと呼ばれるLINEやSINEは、自分自身のDNAをRNAに転写し、その後、RNAが逆転写されることでDNAが再びつくられ、そのDNAが他のゲノム領域に挿入されるというコピー&ペースト型の方法でゲノム内に拡散する。この挿入パターンは生物によって異なるため、たとえば、ゲノム内のある場所におけるレトロトランスポゾンの挿入の有無を調べることによって、進化的に近い生物なのか、遠い生物なのかを知ることができる。クジラやイルカを含む鯨類がカバに近いという発見も、このレトロトランスポゾンの挿入パターンにもとづいている（Nikaido *et al.*, 1999）。レトロトランスポゾンを含めた移動因子は哺乳類の進化においても重要な役割を果たしたともいわれており、たとえば、胎盤、乳腺、二次口蓋（赤ちゃんがミルクを飲みながら息をするために必要）の形成においてレトロトランスポゾンが関与していることが示唆されている（Lavialle *et al.*, 2013; Nishihara *et al.*, 2016; Nishihara, 2019）。乳腺の形成に関わる遺伝子の近くにはLINEが“連れてきた”転写因子結合領域が存在し、遺伝子の発現のオンオフを調節している（Nishihara, 2019）。レトロトランスポゾンはもともとレトロウイルスに起源があると考えられている。たまたま精子や卵をつくる生殖細胞系列にRNAを持つウイルスが感染し、逆転写されたDNAがゲノムに組み込まれた場合、子孫にもそのウイルスの遺伝情報が伝わることになる。そうして、知らず知らずにわたしたちの祖先にウイルスが忍び込んだということであるらしい。ウイルスがいなければ、哺乳類は生じえなかったのかもしれない。こうした「哺乳類らしさ」以外の多様性についてもきっと移動因子が関わる特徴があるのだろう。

次に、タンパク質をコードする遺伝子に生じる変異について見ていこう。わたしたちの体を維持するために、タンパク質は中心的な役割を果たす。そのタンパク質をつくる遺伝子はヒトでは約2万個存在する。とても多い印象を受けるかもしれないが、ゲノムの約31億塩基対のなかでは、おおよそ1.5%の部分しか占めない。このタンパク質をつくる遺伝子の上で起こる突然変異を考えてみよう。ここでは、DNAの塩基が他の塩基に置き換わる変化（塩基置換）を説明する。DNAはメッセンジャーRNAに転写され、リボソームの上でタンパク質に翻訳される（図1-8A）。その際には、メッセンジャーRNAの3つの塩基（コドンと呼ぶ）に結合することのできる相補的な3つの塩基（アンチ

(A)

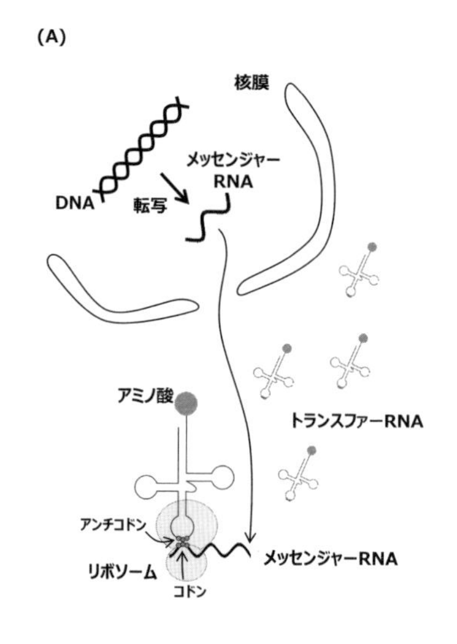

(B)

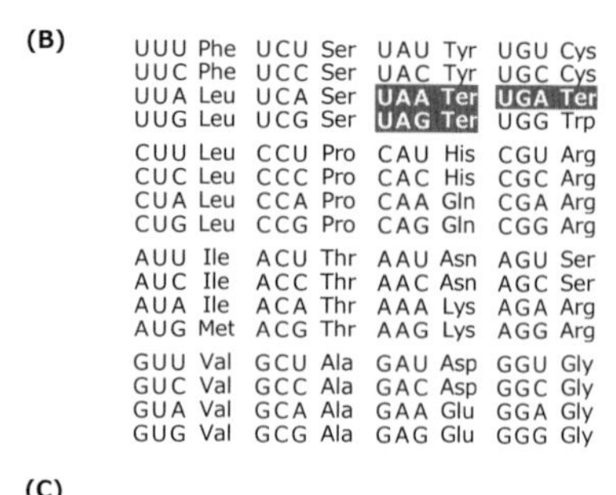

UUU Phe	UCU Ser	UAU Tyr	UGU Cys
UUC Phe	UCC Ser	UAC Tyr	UGC Cys
UUA Leu	UCA Ser	UAA Ter	UGA Ter
UUG Leu	UCG Ser	UAG Ter	UGG Trp
CUU Leu	CCU Pro	CAU His	CGU Arg
CUC Leu	CCC Pro	CAC His	CGC Arg
CUA Leu	CCA Pro	CAA Gln	CGA Arg
CUG Leu	CCG Pro	CAG Gln	CGG Arg
AUU Ile	ACU Thr	AAU Asn	AGU Ser
AUC Ile	ACC Thr	AAC Asn	AGC Ser
AUA Ile	ACA Thr	AAA Lys	AGA Arg
AUG Met	ACG Thr	AAG Lys	AGG Arg
GUU Val	GCU Ala	GAU Asp	GGU Gly
GUC Val	GCC Ala	GAC Asp	GGC Gly
GUA Val	GCA Ala	GAA Glu	GGA Gly
GUG Val	GCG Ala	GAG Glu	GGG Gly

(C)

DNA	TAC	GGC	GAG	CCC	CAC	TAA	AAA	ATG	GTT	GCG	GGG	ACT
伝令RNA	AUG	CCG	CUC	GGG	GUG	AUU	UUU	UAC	CAA	CGC	CCC	UGA
タンパク質	Met	Pro	Leu	Gly	Val	Ile	Phe	Tyr	Gln	Arg	Pro	Ter

同義置換　非同義置換

DNA	TAC	GGG	GAG	CCC	CGC	TAA	AAA	ATG	GTT	GCG	GGG	ACT
伝令RNA	AUG	CCC	CUC	GGG	GCG	AUU	UUU	UAC	CAA	CGC	CCC	UGA
タンパク質	Met	**Pro**	Leu	Gly	**Ala**	Ile	Phe	Tyr	Gln	Arg	Pro	Ter

ナンセンス突然変異

DNA	TAC	GGC	GAG	CCC	CAC	TAA	AAA	ATC	GTT	GCG	GGG	ACT
伝令RNA	AUG	CCG	CUC	GGG	GUG	AUU	UUU	UAG	CAA	CGC	CCC	UGA
タンパク質	Met	Pro	Leu	Gly	Val	Ile	Phe	Ter	Gln	Arg	Pro	Ter

フレームシフト突然変異（1塩基欠失）

DNA	TAC	GGC	GAG	CCC	CAC		AAA	AAA	TGG	TTG	CGG	GGA	CT
伝令RNA	AUG	CCG	CUC	GGG	GUG		UUU	UUU	ACC	AAC	GCC	CCU	GA
タンパク質	Met	Pro	Leu	Gly	Val		**Phe**	**Phe**	**Thr**	**Asn**	**Ala**	**Pro**	

図 1-8 (A) DNA からメッセンジャー RNA に転写され、核の外のリボソーム上で、メッセンジャー RNA のコドンに合うアンチコドンを持ったトランスファー RNA がアミノ酸を運んでくる様子。このイベントが続くことでアミノ酸の連なりであるタンパク質の原型ができあがる。DNA、RNA、リボソームの大きさの比は実際とは異なる。(B) 一般的な核遺伝子のコドン表。Ter は終止コドンを示す。(C) 突然変異の例を示す。

コドンと呼ぶ）を持ったトランスファー RNA が、それぞれのコドン固有のアミノ酸を 1 つだけ連れてくる（図 1-8A）。メッセンジャー RNA の塩基配列と合ったアンチコドンを持つトランスファー RNA がどんどんやってきては、それにともない、連れてこられたアミノ酸が次々とつながっていくことになる。そのアミノ酸の連なりがタンパク質の原型となる。コドンとアミノ酸との間には、決まった対応関係がある（図 1-8B）。塩基は 4 種類あるので、コドンにおける 3 つの塩基の並びのパターンは 4×4×4＝64 通りあるが、その 64 通りから、翻訳の終わりを意味する終止コドン（UAA、UGA、UAG）を除いて、61 種類のコドンの暗号それぞれが、1 つのアミノ酸に対応する（RNA の塩基はチミンの代わりにウラシル［U］を使うので、ACGT ではなく ACGU の 4 文字が使われる）。しかし、生物が使うアミノ酸は 20 種類しかないため、61 種類のコドンのなかで、異なるコドンが同じアミノ酸を指定する場合がある。このことを少し考えてみてほしい。たとえば、CCA、CCC、CCG、CCU はどれもプロリン（Pro）というアミノ酸と対応する（図 1-8B）。つまり、もし 3 番目の場所に突然変異が生じたとしても、アミノ酸に変化が生じないということになる。アミノ酸が変わらないということはタンパク質も変わらないため、生物の機能になんの影響もきたさない。このようなアミノ酸の変化を起こさない塩基置換（突然変異）のことを、同義置換（同じ意味の置換；サイレント突然変異）と呼ぶ（図1-8C）。対照的に、アミノ酸を変化させるDNA上の塩基置換（突然変異）は非同義置換（同じ意味ではない置換；ミスセンス突然変異）と呼ぶ（図1-8C）。非同義置換が生じた場合、それが性質の異なるアミノ酸への変化であると、タンパク質の性質が変わることもあるため、生物の機能になんらかの変化が生じる可能性がある。

DNA上での変化には置換以外にもDNAの長さに変化をもたらす挿入や欠失がある。名前のとおり、挿入はある長さのヌクレオチドが、ヌクレオチドとヌクレオチドの間に入り込むことであり、欠失はある長さのヌクレオチドが抜け落ちることである。その結果、塩基配列が長くなったり、短くなったりする。置換、挿入、欠失のような突然変異は、DNAが複製をしてコピーがつくられる際に生じる。つまり、細胞が分裂をして2つの細胞になる際には、その分裂に先立ち、DNA合成期があり、DNAのコピーがつくられて2倍になってから、そのコピーがそれぞれの娘細胞に均等に分配されることになる。このコピーをつくる際に、新しいDNAの鎖が合成される。合成されるときに、相補的ではない塩基を持つヌクレオチドが取り込まれたり（塩基置換）、新しいヌクレオチドが加わったり（挿入）、あるいは合成されるべきヌクレオチドが合成されなかったりと（欠失）、いろいろな“まちがい”が生じる。このような“まちがい”があるからこそ、進化という現象が起こるのである。進化において重要なのは、次世代につながる生殖細胞系列で生じる突然変異である。つまり、卵や精子の生殖細胞がつくられる過程で起こった突然変異が次世代に伝わるため、こうした突然変異が進化のふるいにかけられることになる。なお、突然変異と塩基置換は同じ意味合いで使われることが多いが、前者の場合は、DNA複製におけるエラーであり、後者の場合は、集団における自然選択や遺伝的浮動のような進化のメカニズム（第2章）を経て、集団として塩基が置き換わったことを意味する。たとえば、親子の間のDNAの塩基の違いは、突然変異と表現する以外にないが、ヒトとチンパンジーのDNAの塩基の違いは、何世代もかけて突然変異が進化のふるいにかけられた後に残された置換ということになる。似て非なるものなので言葉の使い方には注意したい。

本節の最後に、偽遺伝子(ぎいでんし)について説明しておきたい。偽遺伝子は、漢字でそのままの意味があり、「いつわりの」遺伝子である。その昔、遺伝子としての機能を持っていたにもかかわらず、なんらかの理由で機能を失い“壊れて”しまった“元”遺伝子である。死んだ遺伝子と表現してもよいであろう。その「なんらかの理由」には、究極的な理由（進化的理由）と至近的な理由（突然変異）があるが、ここでは後者について説明したい（前者は第4章で説明する）。遺伝子を壊す突然変異にはどのようなものがあるのだろう。上で述べたように、DNA上の情報がメッセンジャーRNAに写し取られて、その後、コドンの情報がアミノ酸に変換されることが、DNAが遺伝子として機能するうえで重要なプロセスであった。このコドンを形成する3つ組の塩基が変化してしまった場合に、遺伝子が死んでしまうことがある。たとえば、突然変異によってメッセンジャーRNA上のコドンが、終止コドンであるUAA、UGA、UAGのいずれかになってしまった場合、そこで翻訳は終了してしまい、適切なタンパク質ができなくなる（図1-8C）。すなわち、遺伝子が機能せず死んでいることに等しい。このようなDNA上の変異のことをナンセンス突然変異という。遺伝子の機能をナンセンス（無意味）にするという意味である。さらに、上で説明したように、突然変異には挿入・欠失があり、その長さは決まっていない。3の倍数の長さのヌクレオチドが挿入・欠失を起こすだけならば、その分のアミノ酸が追加されたり、抜け落ちたりするだけなので、その他の部分のアミノ酸配列には影響しない。しかし、3の倍数ではないヌクレオチドの挿入・欠失が起こってしまった場合には、コドンの読み枠（フレーム）がずれてしまう。その結果、正しいアミノ酸配列、つまりは正しいタンパク質がつくられなくなってしまう（図1-8C）。通常、新しい読み枠に変わると、終止コドンが生じる。これもナンセンス突然変異と同様に、遺伝子の死を意味する劇的な突然変異といえるであろう。このような読み枠がずれる変異のことをフレームシフト突然変異という。偽遺伝子については、第4章で味覚に関わる遺伝子の退化について紹介するときに、退化の重要な証拠として頻繁に登場する。

1.5 島のネズミと地史

長く寄り道をしてきたが、本章最後の節では、1.2節の疑問について答えることとしたい。その疑問をもう一度繰り返すと、「瀬戸内海の島の生きものたちはどのような進化の道のりをたどってきたのだろうか？」であった。この疑問に答えるために、瀬戸内海の島々からアカネズミを採集し、遺伝的変異の分析をおこなった。2009年に、瀬戸内海の島のひとつである因島（いんのしま）で、初めてアカネズミの捕獲に成功してから、かれこれ15年ほどが経過したが、これまで多くの学生たちと、瀬戸内の森や海の美しい風景を見ながら、フィールド調査をしてきたのは楽しい思い出である。その結果、11の島から200個体以上の組織サンプルを収集することができた。さらに、愛知学院大学の高田靖司先生からご提供いただいたサンプルも合わせることで、芸予諸島のアカネズミの遺伝的分化を調査するのに十分なサンプルを得ることができた。しかし、最初のころ、わたしたちはしばらくの間、島でのアカネズミの捕獲に苦戦した。

わたしたちは福山大学周辺の森から採集を始めた。本州で採集をしている限りにおいては順調にサンプリングができていたのだが、調査地を瀬戸内海の島に移したとたんにアカネズミが捕獲できなくなったのだ。本州では捕獲できるのに、なぜ島では捕獲できないのだろうか？　しばらく悩んでいたが、いろいろと方法を変えるなかで、いくつかわかったことがあった。それは島のアカネズミは夏以降には捕獲されにくいということであった。調査を始めてからしばらくの間、学生たちが実験など研究活動に慣れた夏から秋に調査に出かけていた。しかし、ほとんど捕獲は成功しなかった。悩んだあげく、思い切って調査時期を変更し、一度、学生のいない3月に調査に出かけてみた。すると、なんと捕獲できるではないか。それ以降、学生たちの卒業研究が始まってすぐの春に調査をおこなうことにした。それでも、福山大学周辺の森と比較して、島のアカネズミの捕獲効率は悪かった。福山大学周辺では仕掛けたトラップの台数に対して10%程度の数のアカネズミを捕獲することができたが、島では5%かそれ以下しか捕獲できなかった。100台トラップを仕掛けても5頭以下しか捕まらないのである。島におけるアカネズミの集団サイズ（集団を構成する生物の個体の数）は小さいのではないかということを実感したデータであった。この実感は第2章で説明する低い遺伝的多様性の結果を得たときに合点がいった。フィールド調査というのは、ときに思うようにいかないものだが、ちょっとしたきっかけでうまくいくことがある。やっと十分なサンプルが集まった。

さて、ようやく「素朴な疑問」に対する結果を説明するところまできた。まずは、ミトコンドリアDNAの分析結果から紹介しよう（Sato *et al.*, 2017）。ミトコンドリアDNAのなかで、調節領域の部分塩基配列（約300塩基対）の分析をおこなった。瀬戸内海の島々から集めた231個体のアカネズミを対象に、サンガー法（第5章）を用いて塩基配列を決定し、その後、得られたハプロタイプの間の類縁関係を調べた（図1-9；ハプロタイプとは、もともとは半数体におけるDNAのタイプのことで、核DNAの場合は、父方と母方のそれぞれのDNAのタイプのことをいう。ミトコンドリアDNAの場合、母系遺伝をするため半数体とみなされる）。図中の数値はブートストラップ値という系統関係の信頼性を意味する。統計学的には、70％以上が有意であると考えられているが、実際には90％を超える値でなければ、進化生物学の世界ではだれにも信じてもらえない。つまり、得られた系統関係から信頼に足るような関係性はほとんど見出せなかったことになる（図1-9）。しかしながら、納得できる傾向はあった。たとえば、それぞれの島のアカネズミは、おおかたグループをつくった（単系統を形成した）。因島、伯方島、大島、大崎上島で見つかったハプロタイプは、それぞれの島で近縁なグループを形成した。また、向島、上蒲刈島、生口島では調べた個体すべてが同じハプロタイプを持っていた。大三島と下蒲刈島のハプロタイプは、系統樹上で複数の場所に見られながらも、ある程度のまとまりを示した。さらに、異なる島から同じハプロタイプが発見されることはなかった。これらのことは、島のアカネズミはそれぞれに特有の遺伝的な特徴を持っており、異なる島の間で遺伝的な分化が生じていることを意味していた。しかしながら、本州や四国のハプロタイプも含めて、得られた関係性とそれらの信頼性から、これ以上の傾向を読み取ることはできなかった。

サイエンスの世界に身を置いていると、時間が経過するということが、ただ時間が経過する以上の意味を持つことを強く実感することがある。黙って座っていても世の中は無慈悲にどんどんと変わっていくのである。そして、新しい技術がどんどんと生まれてくる。わたしが10年早く生まれていても、10年遅く生まれていても、研究へのアプローチはかなり異なるものになっていただろう。新しいタイプのDNAシークエンサーを使うことのできる時代に、この瀬

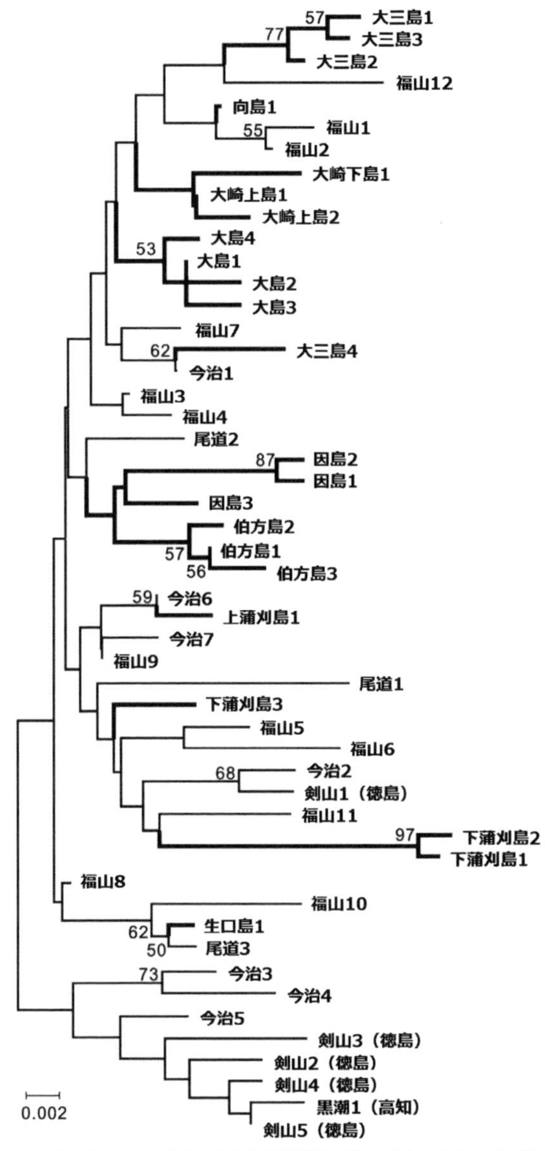

図1-9　ミトコンドリアDNA調節領域 約300 bpを用いて、近隣結合法により推定したハプロタイプ間の類縁関係（Sato *et al.*, 2017）。太い枝は、瀬戸内海の島々のアカネズミのハプロタイプにつながっている。枝状の数値はブートストラップ値（1000回試行）を示す。数値のない場所は<50%であることを意味する。

戸内海の島々のアカネズミの遺伝的分化を調査できたことは幸運なことであった。遺伝分析におけるテクノロジーの進展については第5章で触れるとして、ここでは、ゲノムの多くの場所から一塩基多型（Single Nucleotide Polymorphisms; SNP）を検出することのできるGRAS-Di法という手法を用いた分析結果を紹介したい（Sato and Yasuda, 2022）。ここでは詳しくは述べないが、従来のサンガー法と比較して、分析できる遺伝的変異の数が劇的に増加した。瀬戸内海の島々から集めたアカネズミ92個体について、分析をおこなったところ、9万4142個のSNPを検出することができた。少し前にはミトコンドリアDNAの調節領域300塩基対という短い塩基配列のなかにある遺伝的変異を分析していたことを考えると、隔世の感がある。その変異にもとづき、アカネズミの類縁関係を調べた（図1-10A）。分析の結果、すべての島のアカネズミはそれぞれ1つのグループにまとまった。ブートストラップ値はすべて100%であった。さらに、ミトコンドリアDNAの分析では全くわからなかった、島の間のアカネズミの類縁関係も明らかになった。たとえば、因島と生口島、大三島と伯方島と大島、大崎上島と大崎下島、上蒲刈島と下蒲刈島、倉橋島と江田島がそれぞれ近縁関係にあることが、100%のブートストラップ値で支持された。加えて、因島、生口島、大三島、伯方島、大島の5島のアカネズミが近縁で、大崎上島、大崎下島、上蒲刈島、下蒲刈島の4島のアカネズミが近縁であることが95%以上のブートストラップ値で支持された。これらの関係性を古代河川である豊予川とともに地図に示したのが図1-10Bである。豊予川の流路と、島のアカネズミの遺伝的な類縁関係が見事に一致していることがわかった。つまり豊予川の流路をはさんだ島のアカネズミの近縁性は見られなかったのである。系統樹では向島や倉橋島・江田島のアカネズミが本州のアカネズミと近縁であることもわかるが、これらの島と本州との間には、豊予川が流れていないため、これらも古代河川のパターンと一致する結果であった。このきわめて高い一致性はなにを意味しているのであろうか？　少なくとも、最終氷期最盛期に、アカネズミが陸地と化した瀬戸内海地域に存在していたことを意味する。そして、古代河川には水が流れており、その河川がアカネズミの移動の障壁になったことを示唆する。日本にヒトがやってきたのはおよそ3万年から4万年前といわれている。おそらくは、最終氷期最盛期に、瀬戸内海地域にもヒトの生活があったことであろう。日本人が最初に見た瀬戸内海地域にはす

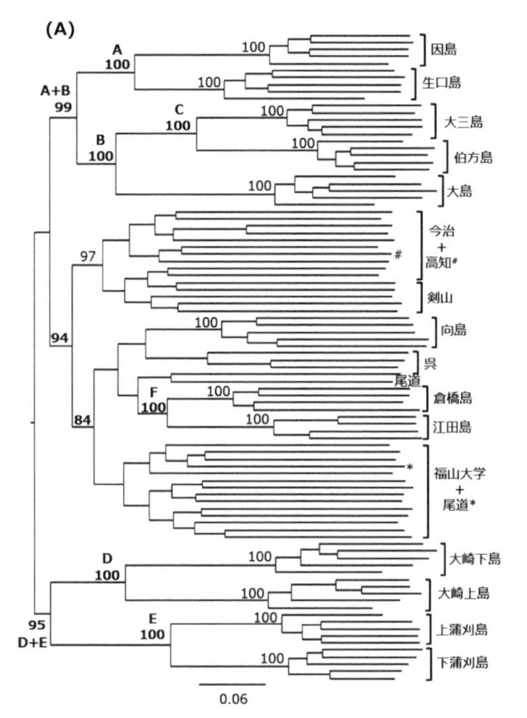

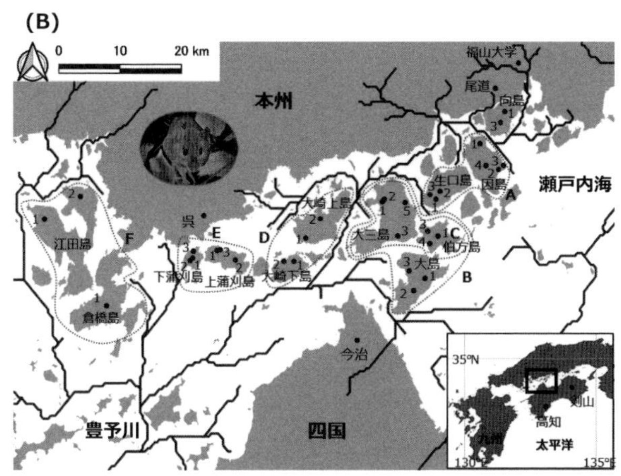

図1-10　(A) GRAS-Di 法により得られた9万4142個のSNPを用いて、最尤法により推定した瀬戸内海周辺域のアカネズミの系統関係（Sato and Yasuda, 2022)。塩基置換モデルはGTR+Gを用いて、プログラムIqtreeにより推定した。枝状の数値はブートストラップ値（1万回試行）を示す。(B) 系統樹から得られた類縁関係を芸予諸島の地図とともに示した（灰色の点線)。瀬戸内海にある濃い灰色の線は、氷河期に流れていた古代河川である豊予川の推定流路を示す。図中の黒い点はアカネズミのサンプリングポイントを示す。イラストは高垣智香さんによる。

でにアカネズミの住む森があったに違いない。そして、アカネズミが“つくる”森の資源を使用していたのではないか？　少なくとも、「瀬戸内海の島の生きものたちはどのような進化の道のりをたどってきたのだろうか？」という疑問に対して、「陸地と化した瀬戸内海地域に生息していたアカネズミは、古代河川と海面上昇により生息地が狭められながら、島で生きるようになり、それぞれに遺伝的分化を経てきた」とは答えられるようになった。しかし、これで疑問に答えられたとはとうてい思えない。そしてまた新しい疑問も生じた。「それぞれの島に隔離されたアカネズミは、それぞれ島に固有の生態系にどのように適応してきたのだろうか？」という疑問である。ゲノム時代の新しい技術と視点で、今後20年かけて明らかにしていきたい。

ここでまた、上で述べた桑代勲氏の遺稿出版について触れよう。この遺稿出版にはいくつかの欠けている章が存在し、そのなかで大きなところとしては結論となる第9章「瀬戸内海の地形発達」が欠けている。叶うものであれば、ぜひ読んでみたかったというのが正直な思いである。PCRやDNAシークエンスの技術もなかった時代に桑代氏が提唱した氷期の古代河川の存在であるが、その影響を島のアカネズミのDNA上で見つけることができたことをもし知っていただけたら、桑代氏はどのように思われるだろうか？　時を超えた会話はサイエンスの醍醐味のひとつである。19世紀の博物学者が形態を観察して得た仮説を現在のDNAの分析で検証することもできる。おそらく数十年後には、ゲノム情報全体で現代の仮説が検証されていることであろう。異なる時代で共通の問題意識を共有できる。そして長年の謎が、ある時代の技術的なブレークスルーで解決される。進化生物学に限ったことではないが、サイエンスが面白いと感じる一面である。

進化生物学は歴史の記録がない過去を学ぶ学問である。わたしたちはあらゆる手段を駆使して、過去の推定につながる痕跡を見つけていくしかない。第5章でDNAから進化を探る分析手法について紹介するが、まずはテクノロジーのことを一度忘れて、わたしたちがいったいなにを明らかにしたいのかについて考えることが大切である。身近なところで感じた素朴な疑問から、生物の進化について考えてみてほしい。「なぜ、進化生物学を学ぶのか？」。それは面白いからに決まっているではないか。

1.6 第1章のまとめ

1. 瀬戸内海の西部には芸予諸島と呼ばれる大小さまざまな島々が存在する。これまでに島は進化生物学の研究の舞台として注目されてきた。なによりも瀬戸内海の景観は美しく、さらに、瀬戸内海の島々は、進化のメカニズムを理解するうえで有益な場所である。進化生物学を学ぶ意義を感じさせてくれる場所でもある。
2. 研究を始めるにあたり、素朴な疑問を持つことは大切である。瀬戸内海の平均水深は浅いため、海水準が著しく低下した最終氷期最盛期には瀬戸内海は陸化した。その陸化した瀬戸内地域には古代河川が存在したことが推定されている。瀬戸内海の島の生きものたちの進化は古代河川の影響を受けたであろうか？
3. 進化を探るためには、親から子へと変化しながら継承される情報を分析する必要がある。DNAは、その4文字の塩基の並び方により、生物の設計図情報を担っており、地球上でDNAを利用する生物が誕生して以来、その情報が変化しながら現代の生物まで継承されている。DNAを使った進化の分析は、収斂進化や成長による形の変化に惑わされずに生物の関係性を探るうえで必須のツールとなっている。
4. 親子の間でさえも、数十個のDNA塩基配列の違いがある。DNA上では、塩基の置換、挿入、欠失、染色体の形や数の変化などさまざまな突然変異が見られる。進化の研究で問題となるのは卵や精子の形成過程で生じた突然変異である。こうした突然変異には、タンパク質の性質に影響する変異もあれば、全く影響しない変異もある。“死んでしまった”偽遺伝子上では、ナンセンス突然変異やフレームシフト突然変異といった突然変異が見られる。
5. 瀬戸内海島嶼のアカネズミのミトコンドリアDNAハプロタイプは共有されておらず、遺伝的分化が示唆された。次世代シークエンサーを用いたゲノムレベルでの一塩基多型の分析により、海のなかったときに存在した古代河川の豊予川が、瀬戸内海島嶼のアカネズミの遺伝的分化に大きな影響を与えたことが明らかになった。
6. 瀬戸内海の島々は進化の研究をおこなうにあたり、大変魅力的なフィールドである。「なぜ、進化生物学を学ぶのか？」それは、面白いからである。面白さを感じずにどうしてこんな面倒くさい研究ができようか？

2 日本列島と進化

2.1 進化の仕組み

進化生物学の本でありながら、進化の定義をしていなかった。チャールズ・ダーウィンは進化を「decent with modification」、つまり「修正をともなう由来」と定義した。ダーウィンが生きた時代は19世紀であり、そのころ、泥などの自然環境から生物が自然に発生するという説もあった。しかし、ルイ・パスツールにより微生物が非生物から自然に発生することはないと実験的に否定されるなど、「神による創造」の概念が薄らいでいた時代であったと思われる。生物は生物から生まれ、少しずつ進化してきたことが初めて主張された時代である。ダーウィンは「自然選択説」を唱えることで、その「修正」には生存・繁殖上の有利・不利があると考えた。現代の生物学において、最も小さな進化は「世代間で生じる遺伝子頻度の変化」と定義されており、必ずしも生存・繁殖上の有利・不利がなくてもかまわない。たとえば、皆さんのまわりにいる同じ世代の人たちを100人集めてきて、お酒の悪酔いの原因となるアルデヒドを分解するアルデヒド脱水素酵素をコードする遺伝子の型を調べてみるとする。アルデヒドを分解しやすい型を持つ人たちはお酒に強く、分解しにくい型を持つ人たちはお酒に弱い。調べてみた結果、5人がお酒に弱い型だったとしよう。次に、皆さんの子どもの世代の人たちを100人集めてきて、同様に型を調べてみると、10人がお酒に弱い型だったとしよう。お酒に弱い遺伝子の型が5%から10%に増加し、逆にお酒に弱くない遺伝子の型が95%から90%に減少した。進化というのは、このような世代間の遺伝子頻度の変化のことなのだ。キツネにつままれた感じがあるかもしれないが。ちなみに全米アカデミーズにおける進化の定義は、「連続する世代がおたがいに置き換わるときに生じる生物の集団の遺伝形質の変化のこと」とされ、「進化するのは生物の集団であり、個々の生物ではない」と説明されている。進化とは単なる変化であり、決して生物は進んで化けているわけではないのだ。

それでは、お酒に弱い遺伝子の頻度はいったいなぜ、増えたのであろうか？　その仕組みを考えることが、進化の仕組みを考えることと同じ意味を持つ。なにか必然的な理由があったのであろうか？　それとも偶然であろうか？　まずはダーウィンの自然選択説で説明しよう。頻度が上昇したお酒に弱い遺伝子の型を持つ個体は生存・繁殖上有利であり、たくさんの子孫を残せたのかもしれない。逆に減少したお酒に弱くない遺伝子の型を持つ個体は相対的に不利であったのかもしれない。お酒を飲まない人たちのほうが健康を維持しやすく生存率が高かったのかもしれないし、お酒を飲まない人たちが伴侶として選ばれる社会があったのかもしれない。分解されずに残った血中のアルデヒドは水田で作業をする人たちを住血吸虫などの病原体の感染から守ってくれたのかもしれない（奥田, 2022）。このように生存・繁殖上の有利・不利により世代を超えて遺伝子頻度が増減すると考えるのが、自然選択説の考え方である。進化のメカニズムはもうひとつある。世代を超えた遺伝子頻度の変化は単なる偶然によって起きたという説明である。考えてみればそうであろう。お酒に強いことと弱いことに生存・繁殖上の有利・不利がなくとも、5% 程度の変化であれば、偶然の影響で、遺伝子の頻度は変わりそうではないか？　国立遺伝学研究所の木村資生は、このような考えをもとに進化の説明を試みた。それが分子進化の中立説である。少し実験をしてみよう。中身の見えない袋のなかに、形、大きさ、材質が同じ黒い球と白い球 5 つずつ計 10 個を入れてみてほしい。袋のなかに手を入れても、形、大きさ、材質が同じなので、黒い球と白い球の区別はつかないこととする（黒い球と白い球の選択上の有利・不利はない）。袋のなかの球をごちゃ混ぜにして、1 つの球を取り出して色を確認したら、その取った球は袋のなかに戻すという作業を繰り返して、色を 10 回確認しよう。その 10 個の色が、次世代の集団の色の頻度をあらわす。するとどうであろうか？　最初は黒い球と白い球は 50% の割合で袋のなかに入っていたはずであるが、50% にならないことが多いのではないか？　つまり、黒い球の割合（遺伝子頻度）は偶然の影響のみで変化したことになる。この作業を 1 世代としたときに、シミュレーションで 50 世代繰り返してみると、黒い球の割合が世代ごとに変わっていくことがわかる。図 2-1A を見てみよう。50 世代のシミュレーションを、100 回繰り返した結果を示している。興味深いのは、100 回のすべ

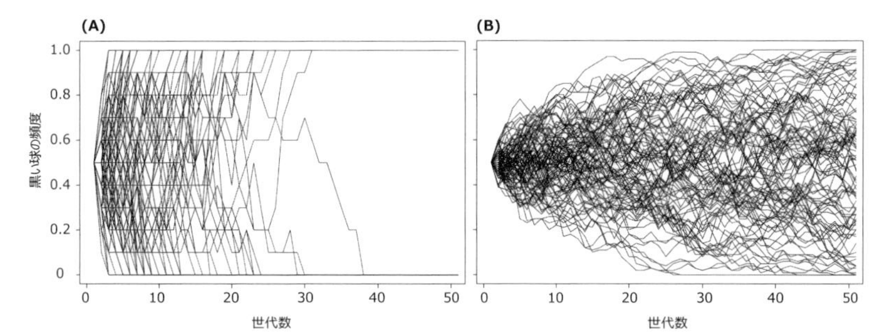

図2-1　Rを使った遺伝的浮動のシミュレーション。縦軸は黒い球の頻度、横軸は世代数を示す。第0世代では、黒い球と白い球が半々ずつ袋のなかに入っているため、黒い球の頻度は0.5である。(A) 黒い球5個と白い球5個の合計10個で100回のシミュレーションをおこなった結果。(B) 黒い球50個と白い球50個の合計100個で100回のシミュレーションをおこなった結果。

てのシミュレーションで、40世代を待たずして黒い球の割合が100％か0％になっている。つまり、最初は黒い球と白い球が半々であった集団が、数十世代後、黒い球か白い球のどちらか一方しか入っていない状況になる。黒い球と白い球のように、遺伝子変異が生存・繁殖において有利でも不利でもない場合、または遺伝子変異間で優劣つけ難い場合には、それぞれの遺伝子変異の運命は偶然のみに任されて、ある突然変異が集団全体に広まることも（“固定”と表現する）、集団から完全に除外されることも起きうるのである。この偶然による進化のメカニズムのことを遺伝的浮動と呼ぶ。世代間で遺伝子頻度が増加したり、減少したりと“ふらふら漂いながら動く”のである。英語でgenetic driftというので、単にドリフトと表現することもある。以上、自然選択と中立進化（遺伝的浮動）は進化の二大メカニズムとして知られている。

もう少し実験を続けたい。先ほどは形、大きさ、材質が同じ黒い球と白い球を5つずつ入れた。今度は、50個の黒い球と50個の白い球を袋のなかに入れて、同じシミュレーションをしてみる。その結果を図2-1Bに示した。すると、20世代を過ぎてもまだ100％や0％にはなっていないのがわかる。ということは、黒い球と白い球の両方が袋のなかに存在することを意味する。10個の球だと、すぐに黒ばかり、あるいは白ばかりとなり多様性がなくなるのに、100個の球だとなかなか時間が経っても多様性がなくならない、つまり、多型が維持されている。このことは、集団サイズが大きいと、遺伝的多様性が保たれやすいことを意味する。逆に、遺伝的浮動による突然変異の固定と除去は、集団サイズの小さなときに起きやすいことになる。生物の集団の遺伝的多様性が低下すると、集団全体がなにかの感染症にかかりやすくなるかもしれないし（免疫能力の低下）、環境の変化に適応できなくなるかもしれない（適応進化能力の低下）。そして、近親交配に近い状態になることで、子の数や生存率などが低下するかもしれない（近交弱勢）。保全生物学の観点から考えると、集団のサイズと関係する遺伝的多様性を評価することは、その生物集団の絶滅リスクを理解するうえで大切であることをわかっていただけるのではないかと思う。

では、集団サイズが小さいと想定される島の生物集団では、遺伝的浮動の影響が強いのであろうか？　多型が維持されにくいことから、遺伝的多様性は低くなってしまうのであろうか？　第1章で解説した瀬戸内海の島々のアカネズミの遺伝的多様性について考えてみたい。すでに説明したように、瀬戸内海の島々のアカネズミは8000世代もの時間、他の地域から隔離されてきた。小さな島では、大きな島と比較して、たくさんの生物を収容するための環境（生息地や餌）に乏しい。そのため、瀬戸内海の島に隔離されたアカネズミの個体の数は本州などの大きな島と比較して少ないものと予想される。もしそうであれば、瀬戸内海の島のアカネズミの遺伝子レベルでの多様性も低いのであろうか？　再びミトコンドリアDNA調節領域の分析結果を紹介しよう。

その前にまず、生物の集団がどれほどの遺伝子レベルの多様性を持つのかを評価するための指標を紹介したい。ハプロタイプ多様度（h；遺伝子多様度ともいう）と塩基多様度（π）である（図2-2）。ハプロタイプ多様度は、各ハプロタイプの頻度から計算するもので、集団におけるハプロタイプの均等度を測る指標である。ある1つのハプロタイプが集団を優占している場合には、ハプロタイプ多様度は小さくなり、同じ頻度でいくつものハプロタイプが存在する場合には、大きくなる。図2-2に計算例を示したので確認してみてほしい。ハプロタイプhAが2個体、ハプロタイプhBが2個体、ハプロタイプhCが1個体の計5個体の集団を対象にした計算である。5個体とも全く同じハプロタイプの場合（$h=0$）や5個体とも全く異なる5種類のハプロタイプを持つ場合（$h=0.8$）も計算してみよう。一方で、塩基多様度では、まず各ハプロタイプの塩基配列の情報からハプロタイプ間の遺伝距離を算出し、集団のなかの個体間で考えられるすべてのペアにおける遺伝距離を計算する。ここでは塩基配列の違いの数を塩基の総数で割ったp-distanceを使った。たとえば、個体1

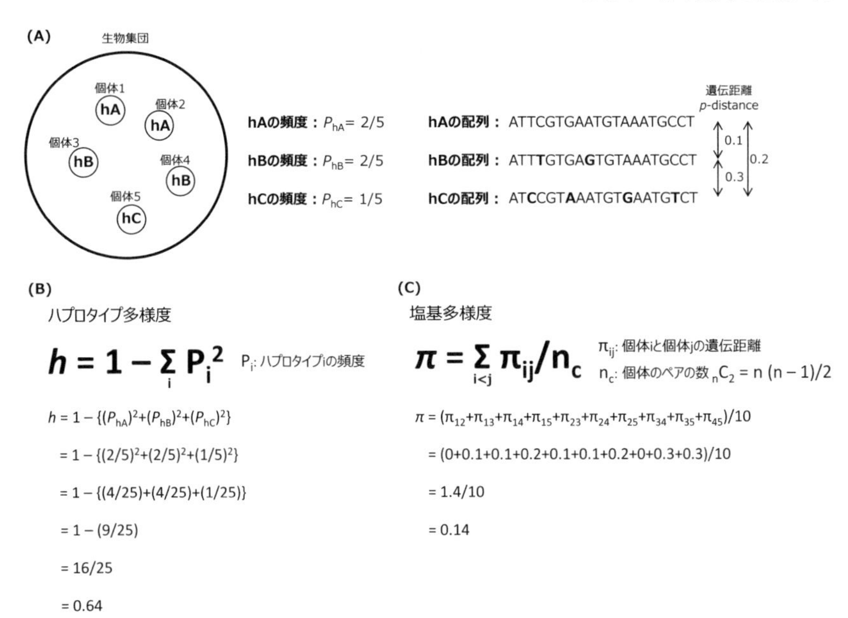

図 2-2　ある生物種の５個体からなる仮想的な集団における遺伝的多様性の計算方法。(A) 集団のなかで、５個体は３つのハプロタイプ（hA、hB、hC）を持つ。３つのハプロタイプの頻度と、これらのハプロタイプ間の遺伝距離を *p*-distance（配列間の違いの数を配列の長さである 20 塩基対で割った値）で示す。(B) ハプロタイプ多様度の計算方法。(C) 塩基多様度の計算方法。n_c は n 個の個体のなかから２つ（ペア）を取り出す組み合せの数である。

と個体２はともにハプロタイプ hA を持つので、π_{12} は 0 である（同じ配列なので遺伝的な違いはない）。個体１と個体３はそれぞれハプロタイプ hA と hB を持つので、π_{13} は 0.1 である（2 つの配列の間には 20 塩基のなかで 2 つの違いがある）。5 個体におけるすべてのペアの間の遺伝距離を足し合わせたら、その合計をペアの数で割る。つまり、塩基多様度は、考えうるすべてのペアの遺伝距離の平均を算出していることになる（図 2-2C）。

それでは、瀬戸内海の島のアカネズミの遺伝的多様性を見てみよう（Sato *et al.*, 2017）。図 2-3A にその結果を示した。概して、本州側の福山大学と尾道、および四国の今治に対して、瀬戸内海の島におけるハプロタイプの数は少なく、ハプロタイプ多様度と塩基多様度は低いことがわかる（図 2-3A）。このことは、島という限られた生息地における小さな集団サイズのなかで、遺伝的浮動が効果を発揮し、遺伝的多様性が低下したと解釈することができる。さらに、限られた生息地が鍵となる要因であるのであれば、島の面積も遺伝的多様性と

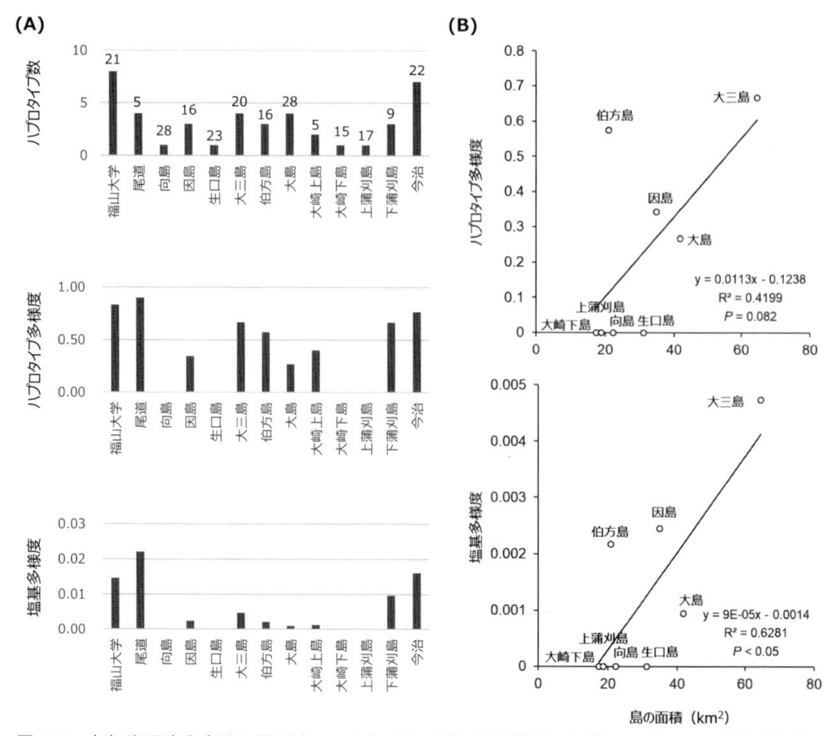

図 2-3 (A) 瀬戸内海島嶼と周辺域のアカネズミの遺伝的多様性。上段はハプロタイプ数（棒グラフの上の数字は分析個体数）、中段はハプロタイプ多様度、下段は塩基多様度を示す。(B) 島の面積と遺伝的多様性との関係を示す（上段：ハプロタイプ多様度、下段：塩基多様度）。

関係があるのではないかと予想された。小さな島ほど個体数が少ないという仮定である。そこで、分析個体数の少ない島を除き、島の面積と遺伝的多様性との間の関係性を調査したところ、正の相関が見られた（図 2-3B）。このことは、集団サイズと遺伝的多様性との間の正の相関を示唆するため、小さな島においては遺伝的浮動が強く働いたことになるのだ。これが実際に、島におけるアカネズミの捕獲効率が悪い（つまり数が少ない）という事実（第 1 章）との整合性を感じたデータであった。瀬戸内海の島嶼における具体的な観察結果には、明らかに普遍性を持つ進化のメカニズムが働き、影響を与えたと考えることができる。進化は身近に潜んでいるものである。

2.2 有限がもたらす進化

以上の議論のように人間に理解可能かつ普遍的な進化のメカニズムの存在を感じることができるのはなぜだろうか？　この地球の資源が無限にあるとするならば、無秩序に生じた突然変異は無秩序のままであってもよさそうである。無限の生息地を想像してほしい。生物はほしいだけの生息地や餌などの資源を利用できる、そのような理想郷では、集団サイズを制限するものはなく、種間の競争もないため、遺伝的浮動も自然選択も働かない。しかし、わたしたちが見ている世界はそうではない。わたしたちが進化生物学という学問を学ぶことができる程度に遺伝的浮動や自然選択が秩序をつくりだしているように見える。なぜだろうか？　無秩序な突然変異が、なぜ進化生物学という学問が成り立つまでに無秩序ではない残り方をするのだろうか？　このような疑問は自明でくだらないものであろうか？　しかし、少しばかりこのことについて考えてみたい。秩序をつくっているのは、生きものが暮らす世界の有限性による。進化は世の中が有限であるから起こるのだ。地球に住むことのできる生物は限られている。日本に住むことのできる生物も限られている。そして、瀬戸内海の島に住むことのできる生物も限られている。そうした有限性のなかに進化生物学の理論を見つけることができるのではないか。

ある有限の生息地における仮想的なネズミの進化を例に考えてみよう（図2-4）。ネズミの生息地が物理的な障壁により、小さな2つの生息地に分断されたとする。もともとの生息地も有限であるが、さらに厳しい有限の世界になったと考えよう。ちょうど、海により2つの島に隔離されたことを想像するとよい。外から

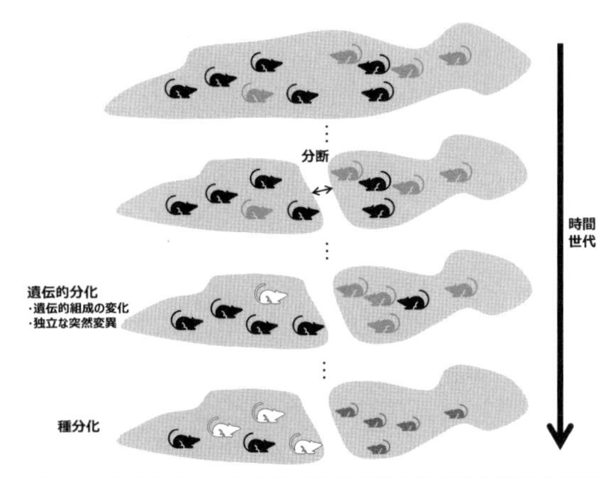

図2-4　分断化された生息地で生じる遺伝的分化と種分化に関する仮想的な図（佐藤，2023）。野ネズミの色（黒色、灰色、白色）は遺伝子のタイプを示す。野ネズミの大きさは種が異なることを示す。

島にやってくるネズミは全くいないと仮定する。上で述べたとおり、生物は生物である限り、生殖細胞である卵や精子をつくる際に必ず突然変異を経験する。その突然変異の起こり方は無秩序（ランダム）であるため、2つの集団のネズミが持つ数十億のゲノムにおいて、全く同じ場所で全く同じ突然変異が生じる確率は相当に低い。すると、2つの集団には独立な突然変異が生じることとなる。この時点では、突然変異のあり方は全くの無秩序である。しかし、この突然変異は、時間（世代）とともに頻度を変動させる。資源の限られた有限の世界では、ある突然変異を持つ個体が資源を獲得するうえで有利な生態を持ち、子孫を多く残すかもしれない。また、より限られた生息空間では、その突然変異を持つ個体の子孫は遺伝的浮動の影響で集団から速やかに除去されるかもしれない。これらの自然選択と中立進化の結果、2つの集団では遺伝子頻度に違いが生じる。これは2つの集団の間で遺伝的分化が引き起こされたことを意味し、場合によっては種分化まで生じることになる。つまり、それぞれの有限性に合わせた今の形ができあがる。必然にせよ偶然にせよ、有限性が進化というプロセスを発動させることで、遺伝的分化、種分化が生じ、世界を理解しやすい形にしている。

瀬戸内海の島々のアカネズミのミトコンドリアDNAハプロタイプはそれぞれの島に固有であり、本州や四国には見られないため、島に隔離された後で生じた突然変異が、遺伝的浮動の影響により各島の集団に広まったと解釈できる。このように島という小さな有限の世界では、遺伝的浮動の効果により、変異が固定され、島の間で遺伝的分化が引き起こされる。それでは瀬戸内海の島のネズミたちの間では、そのうち種分化が起こるのだろうか？　どうやら、それはないように思われる。あと9万年もすれば、また氷期がやってきて瀬戸内海はおおかた陸地と化す予定である。これまでに知られているネズミの種分化に相当する時間と比較しても10万年という時間は相当に短い。しかし、種分化するかどうかなどはだれにもわからない。ネズミを捕まえている経験からは、島のネズミは本州のネズミよりも跳躍力が小さいようにも感じられ（逃げ足が遅い！）、なにかしらの表現型の変化が生じているのかもしれない。突然変異の起こり方はランダムであるため、絶対に種分化しないとはいいきれない。

上の瀬戸内海の島のネズミの話では、有限の世界である島が特定の1種の遺伝的分化に与える影響を説明してきた。それでは、異なる種の生物が同じ場所に生息するときに、有限性はどのように進化に影響するのかを考えていきたい。同一の場所に集合するさまざまな生物種をまとめて生物群集と呼ぶ。生態系のなかには、気温や降水量などの各地のさまざまな環境に対応して、異なる構成の生物群集が存在し、生物の間で地域固有のさまざまな相互作用が見られる。なかには、食うものと食われるものの間で展開する敵対関係、食物をめぐり捕食者の間で競い合う競争関係、好物である蜂の巣のありかを教えるミツオシエ（鳥）と蜂の巣を破壊するラーテル（イタチ科の哺乳類）のように資源を得るためにおたがいに利益を与えるような双利関係、動物が無意識に“ひっつき虫”の種子を散布してしまうような片側だけが利益を受ける片利関係、大木が林床の植物に光を通さないような抑圧関係などが知られている。これらの生物間相互作用の多くは、有限が引き起こす関係性である。たとえば、競争関係について考えたい。資源が有限であるからこそ、競い合いが起こる。競争を避けて同じ場所で生息し続けるためには、自分が求める資源を変える必要がある。自分が求める資源のことを生態学の言葉では、ニッチと呼ぶ。ニッチとは生物が求める空間的・栄養的条件のことで、その生物が生きるためにはどのような場所と餌が必要であるかを示す言葉である。つまり、ニッチが重複すると競争が起き、競争を避けるためにはニッチを違うものにしなければならない。

北海道大学雨龍研究林には、アカネズミ（*Apodemus speciosus*）とヒメネズミ（*Apodemus argenteus*）という野ネズミが同じ場所に（同所的に）生息している。これら2種がどのような餌条件を必要としているのかを調査したことがある（Sato *et al.*, 2018）。これまでの野ネズミの食性については、胃内容分析がほとんどであった。胃に残されている生物の痕跡を顕微鏡で検出することは大変にむずかしく、わかることといえば、動物質や植物質、あるいは詳しい分類群のわからない昆虫や種実が存在すること程度か、うまく同定できたとしても分類群の目のレベルであった。野ネズミの糞に至っては米粒程度に小さいもので、その中身を直接観察し、生物の痕跡を見つけるのは至難の業であった。しかしながら、第5章で紹介するように、PCRと第2世代のDNAシークエンサー、そしてデータベースの技術を組み合わせることによって、胃内容物や糞のなかに含まれている生物のDNAを検出し、より詳細に食物となった生物を検出できるようになった。この手法のことをDNAメタバーコーディング法と呼ぶ（第5章参照）。

手法の詳細は第5章に譲り、ここでは、雨龍研究林という同じ場所に生息するアカネズミとヒメネズミが、植物を食い分けていることを明らかにした研究結果を紹介したい。調査年であった2014年は堅果（ドングリ）の凶作年であり、堅果を食べる両種の食性に、凶作がどのような影響を与えるのかがこの研究のポイントであった。アカネズミ49個体とヒメネズミ43個体から回収した糞のなかから3粒ずつを用いて、植物検出用マーカーである葉緑体DNAの*trnL*領域の分析をおこなった。つまり、糞のなかに含まれている植物が持つ葉緑体DNAを検出し、それがどの植物種の葉緑体DNAなのかを特定したのである。その結果を図2-5に示した。横軸は検出された植物の科の分類群名であり、縦軸は検出された野ネズミの個体数である。まず目立つのは上段のアカ

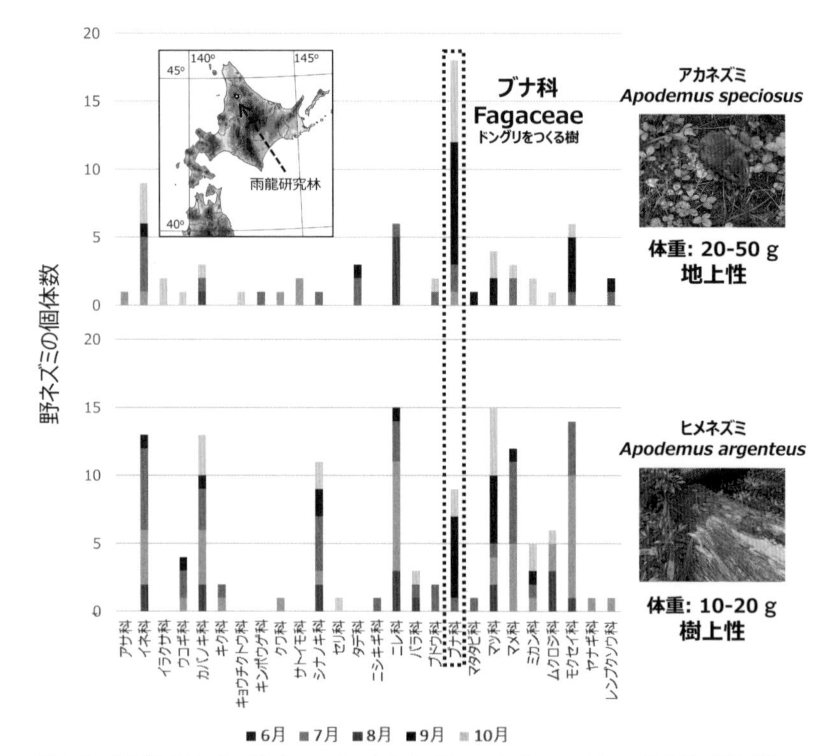

図2-5　葉緑体DNA（*trnL*）をマーカーとしたDNAメタバーコーディング分析（第5章）により明らかにしたアカネズミ49個体（上段）とヒメネズミ43個体（下段）の植物食性。横軸は植物の科名、縦軸はその植物が検出された野ネズミの個体数を示す。挿入図は北海道における採集地である北海道大学の雨龍研究林を示す。右側にアカネズミとヒメネズミの体重と生態を示す。

ネズミの食性において、ブナ科（Fagaceae）が高頻度で検出されていることである。雨龍研究林に生育しているブナ科の植物はミズナラ（*Quercus crispula*）のみであるため、アカネズミはミズナラを多く食べていることが示唆された。次に、その検出された時期を見てみると、9月と10月に多いことがわかる。DNAメタバーコーディング法では、植物のどの部位を食べているのかまではわからないが、食べている時期から判断すると、アカネズミは堅果を食べているものと思われる。一方で、ヒメネズミについても、ブナ科が比較的多く検出されているのがわかる。食べている季節を見ても、アカネズミと同様に9月と10月に多いことから堅果を食べているものと思われる。しかしながら、アカネズミと比較して、堅果を利用する個体は少なく、代わりに、イネ科（Poaceae）、カバノキ科（Betulaceae）、シナノキ科（Tiliaceae）、ニレ科（Ulmaceae）、マツ科（Pinaceae）、マメ科（Fabaceae）、モクセイ科（Oleaceae）などの他のさまざまな樹種を高頻度で食べていた。これはなにを意味しているのであろうか？　2014年は堅果の凶作年である。ともに堅果を食べる両種の野ネズミにとって厳しい有限の世界であったと思われる。両種の体サイズは、アカネズミが20–50 g程度、ヒメネズミが10–20 g程度と大きく異なり、競争に際してはアカネズミが有利になると考えられる。アカネズミは地上性であり、ヒメネズミは樹上性であるため、この点からもアカネズミが地上に落ちた堅果を得るのに有利であることは想像に難くない。そもそも大きな体サイズを維持するために、アカネズミは食物のない冬に備えてたくさんの堅果を秋に蓄積する必要があるのかもしれない。ともかく、ヒメネズミはアカネズミとの競争を避けるように他の樹種を餌資源として利用しているように見える。わたしたちはこれを「食い分けによるニッチの分割」と解釈している。野ネズミたちにとっては、共生のつもりはないのであろうが、同じ場所に生息するためのメカニズムが両種に働いたことになる。アカネズミとヒメネズミは日本全国で同所的に見られるために、このような食い分けの起源は古いものと考えている。この結果を裏付けるように、アカネズミは堅果が持つタンニンなどの被食防御物質に対する抵抗性を進化させてきたことも知られている（島田，2022）。つまり、アカネズミとヒメネズミが同じ場所で生息し始めた早い時期において、このような食性の変化が生じたのではないかと考えられる。こうした生物集団の生態的な特徴の変化を引き起こしたのは、堅果という資源の有限性にほかならないのである。

2.3 日本列島の特殊性

日本は島嶼国であるため、さまざまな歴史を持つ有限の世界を提供してくれる（図 2-6）。日本列島の原型は中新世（約 2300 万年前から約 530 万年までの時代）の初期にできたと考えられている（佐野ら，2022）。ユーラシア大陸の一部であった日本列島の原型は、その後、およそ 1700 万年前から 1500 万年前には現在の位置に移動してきたようだ（藤岡，2018）。そのころには、モンスーンが吹き始め、現在に見られる湿潤な気候が始まり、日本列島は豊かな森で構成されるようになった（佐野ら，2022）。中新世の初期から中期にかけて、日本列島の周辺域では地質的な大変動があったようだ。つまり、北東日本は反時計回りに 47 度回転し、南西日本は時計回りに 56 度回転したとのことである（Otofuji *et al.*, 1985）。まるで、右手で北東日本の“取っ手”を持ち、左手で南西日本の“取っ手”を持ち、観音扉を太平洋側から引き開けるように、あるいは、2 つの扉を大陸側から太平洋側に押し開けるように北東日本と南西日本は位置を変えてきた。その過程からわかることは、どうやら東日本と西日本が別の島であった時代があったということだ。それを支持するように日本を東西に分けるフォッサマグナには、その地域が過去には海であった地層が残されている。フォッサマグナは、ユーラシアプレートと北米プレートの境界である糸魚川－静岡構造線のすぐ東側にある巨大地溝である。フォ

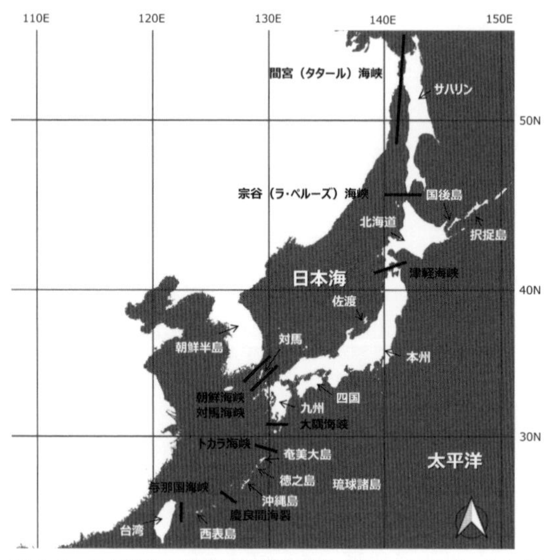

図 2-6　日本列島と周辺の地理的構造（佐藤，2022）。主な海峡と地名を示す。

ッサマグナをはさむ東西の岩石は数億年前の古い岩石である一方で、フォッサマグナを形成する岩石は2000万年前以降の新しい岩石であるため、比較的新しくできた陸域であることがわかる（藤岡，2018）。さらに、フォッサマグナの北部と南部の地層に残された岩石や生物の化石は、この地域が中期中新世（約1500万年前）から鮮新世（約500万年前）までの間、海であったことを示している（藤岡，2018）。そのころ、日本海と太平洋がつながっていたということだ。そこで思い出されるのは、第1章で紹介した日本列島の東西で見られるアカネズミの染色体多型である（図1-7）。アカネズミの系統は、ユーラシア大陸の近縁系統からおよそ600万年前の中新世後期に分岐したと考えられており、アカネズミは日本の哺乳類のなかでも起源の古い種のひとつである。おそらくは日本列島が海により東西に分離していたころから、アカネズミは日本に存在していたのであろう。こうした過去の日本列島の地理的な分断が、アカネズミの染色体構成の分化を引き起こしたものと考えられる。その後、フォッサマグナの溝は、陸からの堆積物や火山噴出物により埋め立てられ、約500万年前には現在の地形が確立されたようである（蒲生，2016；佐野ら，2022）。その結果、東西のアカネズミは再び交流を始めたのだと考えられる。このように日本列島は歴史と構造において、世界的に見てもかなり特殊である。地質学的な変動によって歴史のさまざまな時点で、その構造を変えてきた。つまり、有限性そのものが変化し続けてきたことで、多くの生物の遺伝的分化・種分化を促進してきたのだ。このような舞台で、世界が驚く新しい発見があったとしても驚くにあたらない。

日本列島の有限性に変化をもたらしてきた大きな要因のひとつは海峡であろう。瀬戸内海の島々が海により隔離されて、異なる島のアカネズミの間で遺伝的分化が生じたのと同じように、日本列島の主要な島では、いくつかの海峡による隔離によって、遺伝的分化および種分化が促進された。特に日本の哺乳類の特殊性をかたちづくるうえで影響力が大きかったのは、北海道と本州を分ける津軽海峡と、朝鮮半島と九州を分ける朝鮮・対馬海峡であろう（図2-6）。津軽海峡は生物相が変わる境界として知られており、その境界はブラキストン線と呼ばれる。海峡の水深は130 m 程度あり（蒲生，2016）、日本の哺乳類相の形成に大きな影響を与えた。最も海水準が低下したと考えられる最終氷期最盛期に陸橋が形成されたかどうかは議論があるものの、ここでは、後期更新世

（12万6000年前から1万1700年前）には津軽海峡や朝鮮・対馬海峡には陸橋が形成されず、哺乳類の移動を許さなかったか、もしくは著しく制限したと仮定して議論を進めたい（Ohshima, 1991）。なにごとも仮定が大切で、事実がその仮定に合わない場合に、その仮定はまちがっていたと判断しよう。一方で、北海道とサハリンを分ける宗谷海峡、およびサハリンとユーラシア大陸とを分ける間宮海峡の深さは浅く（それぞれ50 mと10 m程度；蒲生, 2016)、氷期には陸橋が形成され、北海道やサハリンの生物は、1万2000年前ごろまでユーラシア大陸の生物との間で交流があったと考えられている。事実、陸生の哺乳類に着目すると、本州・四国・九州のみに生息する哺乳類では28種中22種が日本固有種であり（エチゴモグラとサドモグラを同種とカウントし、コウベモグラを固有種ではないとみなした)、琉球のみに生息する哺乳類では11種中9種が日本固有種である一方で（オキナワハツカネズミを外来種とみなしカウントせず)、北海道のみに生息する哺乳類では14種（本州にも生息していたヒグマを除く）すべてにおいてユーラシア大陸に同種が存在する。明らかに海峡の影響があることが垣間見える。このような海峡の影響により、日本列島は哺乳類相の違いから3つの生物地理学的区画に分けることができる。その区画とは、北海道、本州・四国・九州、そして琉球である。第1章で説明したように、瀬戸内海の水深は浅く、氷期には本州、四国、九州は1つの島であったと考えられるため、以下の議論では本州・四国・九州を1つの島と考えて議論を進めたい。

2016年に、日本の陸生哺乳類63種について、DNAを用いた進化に関する過去の研究を総説にまとめて、日本の哺乳類の分布をかたちづくった要因を議論した（Sato, 2016a)。このような総説を書こうと考えたのは、多くの陸生哺乳類の由来を見ていくことで、日本の哺乳類の進化について普遍的なメカニズムがないかを探りたいと思ったからである。時間のかかる作業ではあるが、ときには他の研究を含めた大きな視点から自分の研究を見直すことは重要である。これまでに、日本列島に生息する哺乳類について、DNAにもとづく進化の研究がさかんにおこなわれてきたため、国際DNAデータベース上には多くのDNA情報が蓄積されている。そこで、わたしたち自身のデータとともに、データベースを利用することで、以下の2つの比較をおこなった。まず、ユーラシア大陸と日本列島に同種が生息している場合、それらの同種のDNAを比較

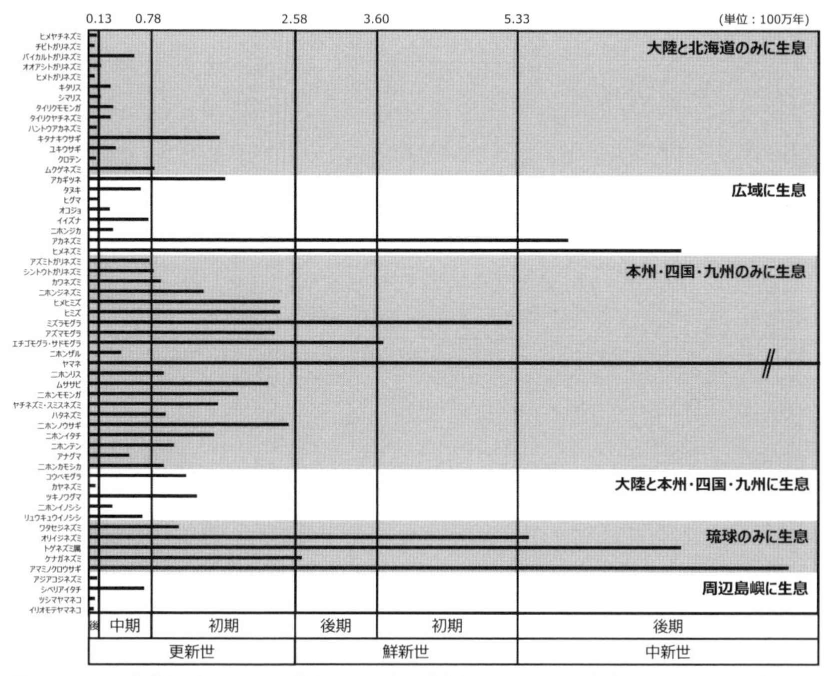

図 2-7　DNA 塩基配列にもとづき算出した日本の哺乳類とユーラシア大陸の同種あるいは近縁種・近縁系統との間の分岐年代（佐藤，2022）。横軸は時間をあらわし、左側が新しく、右側が古いことを示す。上段には 100 万年単位の時間を示し、下段には地質時代の名称を示す。縦軸には陸生哺乳類の和名を示す。棒グラフが右に長いほど、日本列島におけるその哺乳類の起源が古いことを示唆する。これらの哺乳類の起源について、分布のパターンごとにまとめた。そのなかで、「広域に生息」は北海道、本州・四国・九州、琉球の３つの地理的区画のなかで２区画以上に分布することとした（ヒグマについては化石の記録を考慮）。

することで、DNA 塩基配列に何パーセントの違いがあるのかを調査した。その後、DNA がどれくらいの速度で変化するのかを教えてくれる進化速度を使って、その DNA 上の違いがどの程度の時間の経過に相当するのかを推定した。なお、進化速度は、それぞれの哺乳類のグループごとに異なることが知られており、ネズミを含む齧歯類やトガリネズミやモグラを含む真無盲腸類で速く、クジラやイルカを含む鯨類やイヌやネコを含む食肉類などで遅いことが知られている（Nabholz *et al.*, 2008）。過去の研究で分岐年代（進化的に分かれた年代）が化石の記録から推定されている場合には、その推定値を参考にし、報告がない場合には、それぞれの哺乳類のグループで知られている進化速度を使って、DNA の違いを経過時間に変換した。次に、ユーラシア大陸に同種が存在しない場合には、日本の哺乳類とユーラシア大陸における近縁種あるいは近縁系統との間の遺伝的な違いを算出し、同様に化石の記録や進化速度を用いることで、それらの分岐年代を推定した。その結果を図 2–7 にまとめた。図からは、北海道の哺乳類の起源は新しく、本州・四国・九州、そして琉球の哺乳類の順に起源が古くなるという傾向を読み取ることができる。これはすなわち、日本列島の特殊性を代表する海峡の深さの影響を大きく受けた結果といえるだろう。

たとえば、日本では北海道のみに生息する哺乳類 14 種のなかで 5 種（ヒメヤチネズミ、チビトガリネズミ、ヒメトガリネズミ、ハントウアカネズミ、クロテン）については、ユーラシア大陸の同種と分岐した年代が後期更新世に相当すると推定された（図 2–7）。そのころに北海道に渡ってきたとすると、北海道と本州の間の津軽海峡には陸橋が存在せず、本州以南には移動できなかったことになる。その結果、北海道にのみ生息し、本州以南では見られないという現在の分布を形成するに至ったものと思われる（図 2–8）。本州・四国・九州のみに生息する日本固有種の哺乳類を見てみると、ユーラシア大陸における近縁な種との間の遺伝的な違いは、中期更新世以前の起源に相当すると推定された（図 2–7）。たとえば、ニホンザル、ニホンアナグマ、ニホンジカ、ニホンイノシシが本州・四国・九州のなかでは新参者ではあるが、中期更新世にはユーラシア大陸の近縁種から分岐したことが示されている（図 2–7, 2–8）。いいかえると、後期更新世には本

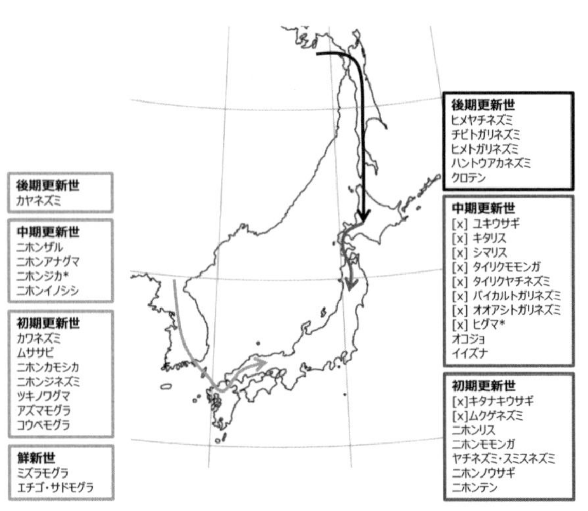

図 2–8　北海道および本州・四国・九州に生息する哺乳類の由来。黒い矢印は北海道まで渡来し、本州以南への南下は後期更新世に形成された津軽海峡に阻まれたことを示す。濃い灰色の矢印は、津軽海峡に形成された陸橋を渡り、本州以南にたどり着いた可能性のある哺乳類の移動を示す。そのなかで［×］は、本州以南では定着しなかった種を示す。*は複数の年代の平均値を参考にした。うすい灰色の矢印は、朝鮮・対馬海峡を渡って、本州・四国・九州に定着した哺乳類の移動を示す。北海道にたどり着いたかどうかについては図示していない。

州・四国・九州に哺乳類が入り込まなかったことを示唆する。これらのことは、後期更新世に陸橋でつながっていなかった津軽海峡や朝鮮・対馬海峡が、哺乳類の移動を著しく制限したことを示唆する。上で述べた「後期更新世に津軽海峡と朝鮮・対馬海峡に陸橋は存在しなかった」という仮定は、哺乳類のDNAの分析結果の面からは、あながちまちがっていないのではないかと思われる。

2.4 どこからきたのか？

北海道に生息する哺乳類は、陸橋のあった時代にサハリン経由でユーラシア大陸からやってきたのであろう。「その昔、朝鮮・対馬海峡からやってきて、その後、北海道までたどり着き、本州・四国・九州、対馬、朝鮮半島などで絶滅した」と考えるには無理がある。生物の進化は直接見ることができないため、その研究においては「節約性」が重要な考え方になる。余計なお金は使わず節約するのと同じように、余計な進化のプロセスは考えずに、削ぎ落とすのが基本だ。それでは、本州・四国・九州に生息している哺乳類はいったいどこからやってきたのであろうか？　たとえば、ニホンテン（*Martes melampus*）を考えてみよう（図2-9A）。ニホンテンは日本固有種で本州・四国・九州のみに自然分布するイタチ科の動物である。北海道には毛皮産業のさかんだったころに導入され、産業の衰退とともに野外に逃げ出したニホンテンが国内外来種として存在しているが、“もともと”は北海道にはニホンテンは存在しない。“もともと”というのもあいまいな表現ではあるが、少なくともわたしたちが知る歴史のうえでは、人為的な導入以前に、北海道にはニホンテンは存在しない。それでは歴史のない時代にはどうだったのだろうか？　ニホンテンはテン属（*Martes*）に属する種で、この属のなかにはニホンテンのほかにマツテン（*M. martes*）、クロテン（*M. zibellina*）、アメリカテン（*M. americana*）、ムナジロテン（イシテン）（*M. foina*）が存在する。これらのなかで進化的にはムナジロテンが最も遠い存在であり、ニホンテンはマツテン、クロテン、アメリカテンと近い関係の種である（図2-9B; Sato *et al.*, 2012）。その系統関係については、マツテンとクロテンが近縁であることはわかっているが、ニホンテンとアメリカテンについてはどちらがマツテンとクロテンのグループに近いのかはっきりとはわかっていない。図2-9Bでは3分岐で表現した。ニホンテンの近縁

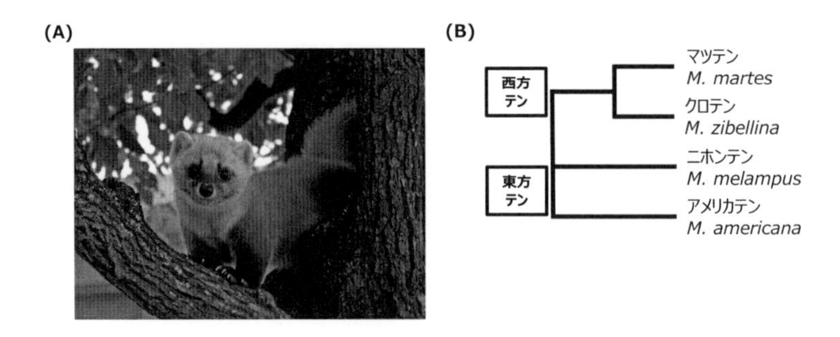

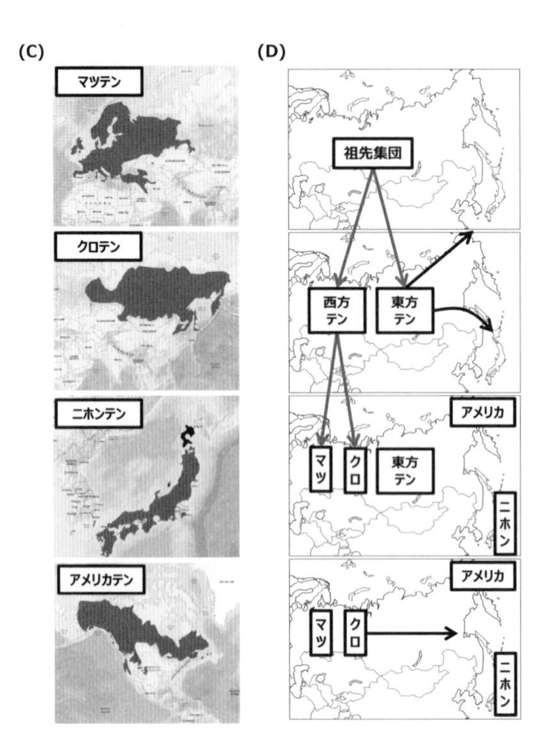

図 2-9　(A) 福山大学キャンパス内で撮影したニホンテン（撮影 広岡和丈)。(B) ニホンテンの近縁種との間の系統関係（Sato *et al*., 2012)。(C) IUCN レッドリストにおけるテン属 4 種の分布域。(D) 系統樹と分布域から推定されるテン属 4 種の系統地理的分化パターン（Ishida *et al*., 2013)。まず祖先集団が西方テンと東方テンに系統分化し、その後、東方テンがアメリカ大陸と日本列島に分布を拡大し、それぞれアメリカテンとニホンテンが生じた。一方で、西方テンはマツテンとクロテンに系統分化し、その後、クロテンが東方に分布を拡大したことで、東方テンが駆逐され、そして日本列島における北海道の東方テン（ニホンテンの祖先）も駆逐されたと考えられる。

種の分布域を見てみると、マツテンがユーラシア北西部（ロシア西部からヨーロッパ)、クロテンがユーラシア北東部（ロシア中央部から東部）とサハリン、北海道など周辺島嶼、アメリカテンがアメリカ大陸北部というように、北方に生息する種であることがわかる（図 2-9C)。これらの種のなかではニホンテンは南方系の種なのである。このような状況下で、おそらく読者の皆さんもニホンテンは朝鮮・対馬海峡からではなく、北海道を通過して、北側から日本列島にたどり着いたと思うのではないか？　このように考えると、今現在、自然分布としてニホンテンが北海道に存在しない理由について不思議に思う。いったいなぜだろうか？　次節で考えてみたい。

反対に南側から日本にやってきたと考えられる種も存在する。ニホンザル（*Macaca fuscata*)、カワネズミ（*Chimarrogale platycephalus*)、ムササビ（*Petaurista leucogenys*)、ニホンカモシカ（*Capricornis crispus*）について考えてみよう。これらの種と近い関係の種は、南中国、東南アジア、台湾など、ユーラシア大陸やその周辺島嶼のなかでも南方に生息している。したがって、これらの哺乳類は南方の朝鮮・対馬海峡を経由して日本にやってきたものと考えるのが妥当であろう（図 2-8)。ニホンアナグマ（*Meles anakuma*）についても、ユーラシア大陸の近縁種であるアジアアナグマ（*Meles leucurus*）が上記の４種と比較して北方に生息するものの、中国から朝鮮半島に生息していることから、朝鮮・対馬海峡を経由したと考えられる。ニホンジネズミ（*Crocidura dsinezumi*）も朝鮮半島周辺域に生息するウスリジネズミ（*Crocidura lasiura*）や台湾の近縁種ニクショクジネズミ（*C. rapax kurodai*）といった南方の種と近縁であることから、朝鮮・対馬海峡を経由したと考えられる。ツキノワグマ（*Ursus thibetanus*)、ニホンイノシシ（*Sus scrofa*)、カヤネズミ（*Micromys minutus*）については、同種がユーラシア大陸に存在するが、同様に近縁な系統が朝鮮半島に存在するため、朝鮮・対馬海峡を経由したと考えられる。それでは、モグラ類はどうであろうか？　まずはコウベモグラ（*Mogera wogura*）について断っておこう。中国北東部から朝鮮半島といった極東域に生息する *Mogera robusta* は、コウベモグラとは別種と扱われることもあるが、DNA を分析するとコウベモグラのなかの１つの地域集団レベルの違いしかないため（Kirihara *et al.*, 2013)、ここでは同種として扱うこととする。しかし、同種か別種かにかかわらず、コウベモグラのなかでは極東のモグラ（*Mogera robusta* に相当）の系統が最初に分岐した傾向にあるため、日本のコウベモグラの起源は極東のモグラとの分岐にある（Kirihara *et al.*, 2013）。もうひとつ断っておきたい。エチゴモグラ（*Mogera etigo*）とサドモグラ（*Mogera tokudae*）も、別種とされることがあるが、遺伝的に別種レベルの違いがないため同種として扱うこととする（Kirihara *et al.*, 2013）。それらをふまえたうえで、モグラ類の日本への渡来経路と順序を考えると次のようになる。最初に日本にやってきたのはミズラモグラ（*Euroscaptor mizura*）で、次いでエチゴ・サドモグラ、アズマモグラ、さらに最後は日本のコウベモグラであると考えられる（図 2-7, 2-8）。そして、これらのモグラ類の近縁種は、ユーラシア大陸の南方に生息しているため、朝鮮・対馬海峡を経由して日本にやってきたものと考えられる。面白いのは、先にやってきたモグラほど、限定された地域に追いやられているように見えるところである。たとえば、ミズラモグラは標高の高い山岳地帯でしか見られない。また、エチゴ・サドモグラは生息地域が佐渡島と越後平野に限定されている。そして、アズマモグラは現在も後からやってきたコウベモグラとの攻防戦を繰り広げ、分布域を東側に移動させているように見える。これらの朝鮮・対馬海峡経由で日本にやってきたと考えられる哺乳類について、近縁種あるいは近縁系統との分岐年代を推定すると、中期更新世以前となる。津軽海峡域に形成された陸橋が利用できるチャンスがあったのだと思われるが、北海道まではたどり着いていないようだ。これについても疑問が残るので、次節で考えよう。

その他、日本には複数回やってきたと考えられる哺乳類が存在する。そのような種が持つ特徴は、北海道と本州・四国・九州の２つの地理的区画に生息することである。具体的にはアカギツネ（*Vulpes vulpes*）、オコジョ（*Mustela erminea*）、イイズナ（*Mustela nivalis*）、ヒグマ（*Ursus arctos*）、ニホンジカ（*Cervus nippon*）があげられる。ヒグマについては、現在は本州以南に生息していないが、化石の記録から本州にも生息していたことが知られている。これらの哺乳類の進化の研究により、異なる複数の系統が日本列島に存在することが明らかにされている。オコジョ、イイズナ、ヒグマについては、近縁な系統が北方に存在するため、サハリン経由で北海道にやってきたのだろう。何度か渡来するなかで、一部の系統が本州までたどり着いたということになる。北海道のヒグマは遺伝的に３つの型（南部型、東部型、中央部型）に分けられることが知られており（Hirata *et al.*, 2013）、そのなかで南部型のヒグマの系統が最初に北海道までたどり着き、本州まで生息域を拡大したことがわかっている（Segawa *et al.*, 2021）。ニホンジカについては、日本に2つの型（北方型と南方型）が存在し、南方型は日本の北方型とではなく、中国の型と近縁であることがわかっているため、日本には2回渡ってきたと考えられる（Nagata *et al.*, 1999）。朝鮮・対馬海峡経由で渡来し、津軽海峡を越えて北海道にたどり着いたのであろう。アカギツネについては、ユーラシア大陸全域に生息しており、北海道には3系統、本州・九州に1系統が存在することから、少なくともサハリン経由で3回、朝鮮・対馬海峡経由で1回、異なる系統のアカギツネがユーラシア大陸から日本に渡ってきたと考えられる（Kutschera *et al.*, 2013）。日本のアカギツネは後期更新世に起源があると推定されているが、もしそれが正しいとすると、それぞれ津軽海峡により移動が阻止されたと考えられるが、どのように海のあった朝鮮・対馬海峡を渡って本州・九州にたどり着いたのかはわからない。ヒトによる導入であるとの議論もあるが（Kutschera *et al.*, 2013）、起源の推定が誤っており、ユーラシア大陸とつながっていたような古い時代に日本列島にたどり着いたことも考えなければならない。しかし、いずれにしてもなぜ、津軽海峡をはさんで異なる系統が存在しているのかの説明をしなければならない。地史とDNAによる推定結果の食い違いを説明することは今後の課題のひとつである。

このように「いつどこからきたのか？」という観点で、日本の哺乳類は多様な特徴を持っており、海峡や陸橋の形成などの地史や、それぞれの種の分布拡大能力にしたがって、日本の哺乳類の多様性が形成されてきたといえる。

2.5 なぜそこにいないのか？

皆さんは「いないもの」についてはあまり深く考えないかもしれない。今日起きたいいことや悪いことは関心事となるが、今日起きなかったことには目が向かないものである。人間とはそういう生きものだ。しかし、「いてもおかしくないのに」と考えると、どうしても「いない理由」が知りたくなる。前節では北海道のみに生息する14種のなかで5種の起源は後期更新世にあり、津軽海峡で分布の南下が阻止されたことを説明した。残りの9種は中期更新世以前に起源があるため、本州以南にたどり着いてもおかしくない。なぜならば、中期更新世以前には後期更新世よりも海水準が低下した時期があると思われるため、津軽海峡が陸橋でつながった可能性があるからである。可能性があるというのは、推定方法の間で海水準の推定値にバリエーションがあり、いまいちよくわかっていないのが現状である（Rohling *et al.*, 2014）。しかし、本書では中期更新世およびそれ以前には、最終氷期最盛期よりも海水準が低くなり、北海道と本州は陸橋でつながった時期があったと仮定して議論を進めたい（蒲生, 2016; Sosdian and Rosenthal, 2009）。なぜ、中期更新世に北海道にやってきた哺乳類が、本州以南に見られないのだろうか？「いてもおかしくないのに」、「いない」のである。

理由はいくつかあると思われる。単純に考えてみよう。本州にいないのは津軽海峡を渡らなかったからだ。中期更新世に起源はあるものの、その後、北海道を越えて分布を拡大しなかったのである。北海道のなかでどのくらいのDNAの違いがあるのかを調べることで、いつごろに集団が拡大したのかを知ることができる。タイリクヤチネズミ（*Myodes rufocanus*）を見てみると、集団が拡大したのは後期更新世であったと推定されている（Honda *et al.*, 2019）。反対に南側から考えてみよう。たとえば、上で出てきたカワネズミ、ニホンカモシカ、ニホンザル、ムササビ、ニホンアナグマについては、中期更新世に起源があるものの、やはり分布の拡大は後期更新世に起きたのではないかと推定されている（Sato, 2016aとその参考文献を参照）。結局、津軽海峡にたどり着いたかどうかはわからないが、たどり着いたとしても、そのとき、津軽海峡には陸橋がなかったのだろう。

一方で、北海道のみに生息するその他の哺乳類、たとえばリスの仲間であるキタリス（*Sciurus vulgaris*）とタイリクモモンガ（*Pteromys volans*）や、ウサギの仲間であるユキウサギ（*Lepus timidus*）、ネズミの仲間であるムクゲネズミ（*Myodes rex*）については、分布の拡大が遅かったようなデータは今のところ存在しないが、他の理由で説明ができるのではないかと考えている。それは“競争排除”という仕組みである。たとえば、生態系における有限の世界では利用可能な資源は限られているため、同様の資源を求める種は同じ生態系内で共存するのがむずかしい。上で述べたように、同属のアカネズミとヒメネズミは、堅果をめぐり競争をしているが、この2種の場合はうまく食い分けているようである。しかし、食い分けることができなければ、どちらかの種が競争的に排除されてしまうことも十分に考えられる。同様の資源を求める傾向は進化的に近縁な種の間で見られることが多く、進化的に近縁であることと、資源をめぐる競争の程度は相関するものと思われる。北海道のキタリスとタイリクモモンガと最も近い関係にあるのが、それぞれ本州・四国・九州の区画に生息するニホンリス（*Sciurus lis*）とニホンモモンガ（*Pteromys momonga*）である。これら2種は初期更新世には日本にいたものと思われ、本州・四国・九州においては先住者なのである。同様の資源を求めるキタリスとタイリクモモンガが本州以南に侵入してきたときに、資源をめぐる競争が起こったのではないか？　ユキウサギについても近縁なニホンノウサギが、ムクゲネズミについても近縁なヤチネズミとスミスネズミが初期更新世には本州・四国・九州に存在していたため、同様の説明が可能である。本州で絶滅したヒグマについても、同属のツキノワグマの存在が影響したかもしれない。津軽海峡が障壁にならない時代であっても、近縁種がすでに本州以南に存在していた場合、北海道に生息する哺乳類たちが本州・四国・九州に定着することはなかったのであろう。

同様の競争排除は北海道でも起きた可能性がある。上で述べたように、ニホンテンは北海道経由で本州以南にたどり着いたと考えざるをえない。そうすると、現在、北海道で自然分布として見られない理由はいったいなんだろうかと不思議に思う。ひとつの可能性としては、後から北海道にやってきたクロテンとの競争に敗れて駆逐されてしまったという考えがある。テン類の系統分化を地理的に考えてみると、図2-9Dのようになる。まず、西方テンと東方テンに分岐し、東方テンの系統であるニホンテンが日本列島に定着した。そして、大陸から西方テンの系統であるクロテンが分布を拡大してきて、北海道ではクロテンが定着し、ニホンテンの祖先となった東方テンは駆逐されてしまったと考えるとつじつまが合う。同じように本州・四国・九州のみに生息するヤチネズミ（*Myodes andersonii*）とスミスネズミ（*Myodes smithii*）の系統も近縁な種が北海道やユーラシア大陸北部に存在するため、北海道を経由して日本にやってきたと考えられるが、なぜか北海道には存在しない。この理由についても同様に説明ができる。後からやってきた近縁なムクゲネズミに駆逐されたと考えるとつじつまが合うのだ（佐藤，2022）。モグラ類において、後からやってきた後発者が先住者を押しのけて分布を拡大したと見えるのと同じように、クロテンもまたニホンテンとその祖先である東方テンの分布域を置き換えたのかもしれない。あれこれ考えるのは面白いが、これくらいにしておこう。今後、集団の分布拡大時期の推定や種が求めるニッチを明らかにすることで、不在の原因が少しずつわかってくることを期待している。

当然のこととしてあまり気づかれないことではあるが、全く異なるニッチを持つ種は同じ場所で見られる。たとえば、同じリス科のニホンリス、ニホンモモンガ、ムササビがなぜ、同様の分布域を持っているのだろうか？　また、同じイタチ科のニホンテン、アナグマ、ニホンイタチがなぜ、同様の分布域を持っているのだろうか？　これら同科の種が共存できるのは、ニッチが重複しない生態的な違いがあるからだと考えられる。ニホンリスは樹上性、モモンガは滑空性で小型、ムササビは滑空性で大型、ニホンテンは樹上性、アナグマは半地中性、ニホンイタチは地上性である。これらの種は遅くとも中新世という古い時代に系統分化し、それぞれ別々の進化の道のりを歩みながら生態や形態を変えてきた哺乳類である。このように進化的に遠い関係の生物どうしの場合は、資源を効率的に分けることで同じ生態系のなかで暮らすことができているのであろう。上で述べたような進化的に近い生物どうしが資源をめぐり競争する仕組みとは、反対の仕組みである。この節では「なぜ、いないのか」が議論の中心であったため、「なぜ、共存できるのか」を説明したこの段落はやや脱線気味の内容であった。

さて、話を元に戻そう。不在を説明するもうひとつの仕組みとして環境フィルタリングが考えられる。たとえば、キタナキウサギ（*Ochotona hyperborea*）やシマリス（*Tamias sibiricus*）のように北海道が種の分布の南限になっているような哺乳類にとっては、たとえ本州に渡ったとしても、そして、たとえ近縁種がいなかったとしても、環境が種の特性とは合わずに定着しなかったのかもしれない。反対にハタネズミ、ヤマネ、モグラ類はなぜ北海道に見られないのかもよくわからないため、こうした環境との不適合があったのかもしれない。どのような環境が合わなかったのかはよくわからない。しかも環境フィルタリングではどのような不在も説明できてしまうのが問題である。ただ、このような環境との不適合があっても全くおかしくはないだろう。

以上、日本の哺乳類の不在の理由を考えてきたが、これはすなわち、海峡による有限性の増大、そして、有限の世界における資源をめぐる競争といったように、有限性がその進化に大きな影響を与えた結果、わたしたちにある特徴を持った“かたち”として認知させていることを意味する。繰り返そう。日本列島は、さまざまな有限な世界を提供する世界的にも大変興味深い場所なのである。海外の研究者との共同研究で、世界に生息する生物を研究するのもダイナミックで興味をそそられることではあるが、日本には興味深い生物およびそれを生み出した有限の世界があふれている。近くを見回すとすぐに見つかる面白そうな生物やテーマをどうして見過ごすことができようか。テクノロジーの進歩（第５章）は身近な題材の不思議を解明するチャンスを与えてくれる。皆さんも身近な生物の不思議を見つけて、自分なりに説明をしようとチャレンジしてほしい。批判されたってかまわない。そうして巻き起こった議論の後には深い理解が待っている。ただ、日本の生物を題材にする研究に陥りがちなのは、自己満足になってしまうことである。そうならないように、世界に振り向いてもらえるようなテーマをうまく見つけるのがよいのであろう。世界が興味を持つ気候変動や生物多様性の問題に自分の研究を関連づけるのもひとつの手だ。国際会議においても、そうした課題に焦点があてられた研究が多くなったように感じる。もちろん必ずしも世界に振り向いてもらう必要はないが、サイエンスは世界で共有されるべきものである。日本の研究者にはこの点が少し欠けているようにも思える。自己満足で終わらない。世界に楽しんでもらう。このような考えを持つことは、突出するものを許さず、他者を狭い考えのなかに閉じ込めようとするような閉塞感の漂う日本において、研究者として成功するためのひとつの方法であるのではないかと最近感じている。もう少しわかりやすくいおう。とにかく日本人は突出するものを嫌う傾向にある。しかし、そんな周囲を気にせず、突出してよいところは突出してもよいのだ。若い研究者にはぜひ海外の人たちとも意見を交わして、自分の殻に閉じこもらないでほしい。自分の考えが誤っているかもしれないなどと簡単に思ってほしくないのだ。周囲に認められなければ、周囲の周囲に認められればよい。たたく気も失せるくらいの飛び出た杭になってほしい。そして、皆さんには、自分の後進にもっと大きな世界を自由に体験させてあげてほしい。「なぜ、進化生物学を学ぶのか？」。それは、わたしたちが住むこの美しく世界に誇れる舞台で、わたしたちの身のまわりに存在する生きものたちから生物多様性を生み出した普遍的なメカニズムを解明できるからである。

2.6 第2章のまとめ

1. 進化とは世代を超えた遺伝子頻度の変化である。その変化の理由として、「生存・繁殖上の有利・不利があったため」と考えたのが、チャールズ・ダーウィンである。「単なる偶然のため」と考えたのが木村資生である。それぞれ、自然選択と中立進化と呼ばれ、進化の二大メカニズムとして知られている。
2. ゲノム上でランダムに生じる突然変異が、進化の過程を経ることによりランダムではない残り方をするのは、なぜだろうか？　それは世の中の資源の有限性によると考えられる。生息地や餌が限られているからこそ、自然選択や遺伝的浮動が生じるのである。瀬戸内海の島々のアカネズミの遺伝的多様性の低下と遺伝的分化には生息地の有限性が、北海道のアカネズミとヒメネズミの食い分けには、堅果という資源の有限性が影響したと考えることができる。
3. 日本列島は世界的に見てかなり特殊な構造と歴史を持つ。深さの異なる海峡の存在が、北海道、本州・四国・九州、琉球における起源の異なる哺乳類相の形成を促した。つまり、北海道の哺乳類の起源が若く、本州・四国・九州、琉球と南に下るにしたがい、起源が古いという特徴がある。こうしたさまざまなスケールの有限性があるからこそ、日本列島は進化を研究する舞台として魅力的であるといえる。
4. 北海道の哺乳類はサハリン経由で渡来したと思われる。一方で、本州・四国・九州に生息する哺乳類については、北海道経由の起源と、朝鮮半島経由の起源がある。日本列島の広域に分布する哺乳類は複数の渡来により成立した可能性がある。日本列島に生息する哺乳類がいつどこからきたのかという疑問に対しては、さまざまな答えがあるようだ。
5. 生息していてもおかしくない哺乳類が生息していない理由には、近縁種による競争排除や、環境そのものが不適合であることで起こる環境フィルタリングがある。また、系統的に遠縁の生物は、異なるニッチを持つため、共存できると考えられる。
6. 日本列島は進化を学ぶうえで非常に魅力的な場所である。まだ見ぬ進化のメカニズムがこの地に眠っているに違いない。「なぜ、進化生物学を学ぶのか？」それは、わたしたちの身のまわりの生物多様性を生み出した普遍的なメカニズムを明らかにできるからである。

3 進化の痕跡

3.1 大進化

これまで話してきた瀬戸内海の島のネズミの遺伝的分化の話や、日本列島で見られる種分化とその分布形成の話は、もしかして皆さんの考えていた進化の研究ではないかもしれない。子どものころに夢見た進化は、もっと大きなスケールで、もっとロマンがあったかもしれない。この章では、第1章と第2章よりも、時間スケールにおいてもう少し大きな進化を取り上げてみたいと思う。実は、わたしが研究の世界に入ったのは、そのような大進化の研究からであった。大進化、つまり種を超えた大きなスケールでの変化を論じる研究である。ゆえにおのずと日本以外の数多くの種を集めることが求められる。今も形態学者は現生の生物であれ、化石であれ、博物館のバックヤードに保管されている標本を調査しに、世界中を飛び回ることがある。DNA の研究では、その場に出向かなくてもよい場合が多いが、慎重な手続きを経てサンプルのやりとりをおこなう必要がある。今や「遺伝資源の利用から生ずる利益の公正で衡平な配分（Access and Benefit Sharing; ABS)」という生物多様性条約の3つめの目的があるために、資源国に配慮した手続きをふんだうえで、生物資源を取り扱う必要があるからだ。したがって、海外のサンプルを使った研究は1から1人で立ち上げるのは簡単ではない。国内外問わず長年研究されている先生の研究室に所属して研究を進めるか、あるいは海外の研究者と少しずつ共同研究をしながらネットワークを広げるしかない。または、日本の博物館か動物園などが組織サンプルを持っているかもしれないので、共同研究をお願いすることもときに必要である。自分で採集してから分析をするなどということは、なかなかできない研究分野である。ただ、もしこのような研究が可能であれば、世界の生物を扱うことになるので、注目される研究になる可能性は大きい。実際に、わたしの論文の被引用回数も食肉目哺乳類の大進化に関する研究で最も多い。

大学3年生のとき、わたしは進化か神経の研究をしている研究室にいきたいと考えていた。深い意味はない。「なんかわかっていないことが多そうだから」である。勉強不足も甚だしい。わたしが在籍していた北海道大学理学部生物科学科における3年次の研究室配属のときに、大学院地球環境科学研究科（現・環境科学院）生態遺伝学講座（現・生態遺伝学コース）の研究室も紹介されていた。ヤマネの進化について1名募集とのことであった。ヤマネってなに？ヤマネコの仲間か？　ヤマネがいったいなんなのかもわからないまま「哺乳類の進化」というキーワードに魅かれて研究室を訪問した。緊張しながら訪問した研究室では、鈴木仁先生（現・北海道大学名誉教授）が出迎えてくれ、同期の安田俊平君（現・東京都医学総合研究所）と一緒に話を聞いた。鈴木研究室は、遺伝情報を使って主にネズミやモグラなどの小型・中型哺乳類の進化を研究することをテーマにしており、研究室ができて5年ほどであったが、アクティブに研究する大学院生たちがいた。そのときの鈴木先生の話を理解できたとは思えないが（わたしは理解力が乏しい）、研究室で展開している研究は魅力的であると感じた。結局、ヤマネの進化の研究は安田君が担当し、その後、素晴らしい成果を上げた。そして、なにをやりたいのかいまいちはっきりしない煮え切らないわたしに対して、鈴木先生が勧めてくださったのが、イタチ科の進化に関する研究である。以来、イタチ科を含む食肉目哺乳類の大進化は、分子系統学や分子進化学の技術や考え方を学ばせてもらった研究テーマとなった。

わたしが研究室に配属となったのは2000年のことである。その当時はミトコンドリアDNAにもとづく分子系統学がさかんにおこなわれていた。ちょうど、研究室に入ったころに、和歌山県立御坊商工高等学校（現・和歌山県立紀央館高等学校）の細田徹治さんが書かれたミトコンドリアDNAにもとづくイタチ科の分子系統に関する論文が公開された（Hosoda *et al.*, 2000）。わたしはこの結果をふまえて、核の遺伝子を分析することになった。そのころ、研究室では、アカネズミなど他の哺乳類を対象に、核の遺伝子におけるエクソン領域（タンパク質をコードする領域）の分析で成果が出つつあった。これは、ミトコンドリアDNAの欠点を核の遺伝子エクソン領域の利用で補うことができるのではないかという世界的な潮流のなかでの当然の分析であった。どのような欠点かというと、ミトコンドリアDNAは進化速度が速すぎて、進化的に遠い生物間の関係性をうまく推定することができないのである。どういうことか？

ミトコンドリアは呼吸をつかさどる細胞小器官であるがゆえに、酸化的な環境にあるといわれる。そのため、活性酸素の影響でDNAに突然変異が起きやすいのである。また、生じた突然変異は核の遺伝子と比較して集団中に広まりやすい。たとえば、ある有利でも不利でもない中立な突然変異が100個体の哺乳類の集団のなかの1個体の核の遺伝子に生じたとしよう。すると、その変異が世代を超えて偶然にも集団全体に広まる確率は200分の1である。なぜなら、ある哺乳類が100個体存在すると、その変異の起きた遺伝子と同じ遺伝子は父方の遺伝子と母方の遺伝子を合わせて集団内に200個あるからである。一方、ミトコンドリアDNAでは母系遺伝をするため母方の遺伝子しかなく基本的には1タイプであるため、その突然変異が集団全体に広まる確率は100分の1である。つまり、2倍の確率で集団全体に広まりやすいのである。そうした特徴を持つことから、ミトコンドリアDNAの進化速度は核の遺伝子と比較して速い。実際に、和歌山県のニホンテンと北海道のクロテンのミトコンドリアDNA *ND2* 遺伝子を比較してみると976塩基対のなかで50個の違いが見られるが(5.1%)、核の遺伝子のひとつである *IRBP*（*RBP3*）遺伝子を見てみると、1188塩基対のなかで6個の違いしかない（0.51%）。変異の量として10倍の違いがある。しかし、進化速度が速いのであれば、違いが多く見られるため、進化的な関係を推定するうえではむしろ有利なのではないかと思われるかもしれないが、それは進化的に近い関係を見ているときだけである。少しずつ遠い関係の哺乳類のDNAを比較してみると、初めは遠くなればなるほど、違いが増えていくが、ある時点から違いが増えなくなる。これは、進化の過程で、ゲノムの同じ場所で何度も塩基の変化が起こる多重置換が生じたことを意味する。しかも、なにしろ塩基は4種類しかないので、同じ塩基に戻る置換が生じることも多いだろう。一方、核の遺伝子、特に生きるうえで重要な働きをするタンパク質をコードするエクソン領域の進化速度は遅いため、多重置換の影響が少ないと予想される。この性質によりミトコンドリアDNAでは解明できなかった遠縁の生物間の関係性がわかってくるのだ。

図3-1でそのことを確かめてみよう。この図では、食肉目哺乳類の系統樹を3つの核遺伝子エクソン領域（*APOB*、*IRBP*、*RAG1*）とミトコンドリアDNAチトクローム *b* 遺伝子を用いて推定し、観察置換数と推定置換数を比較した（Sato *et al.*, 2006）。観察置換数というのは、単純に2つの種のDNA塩

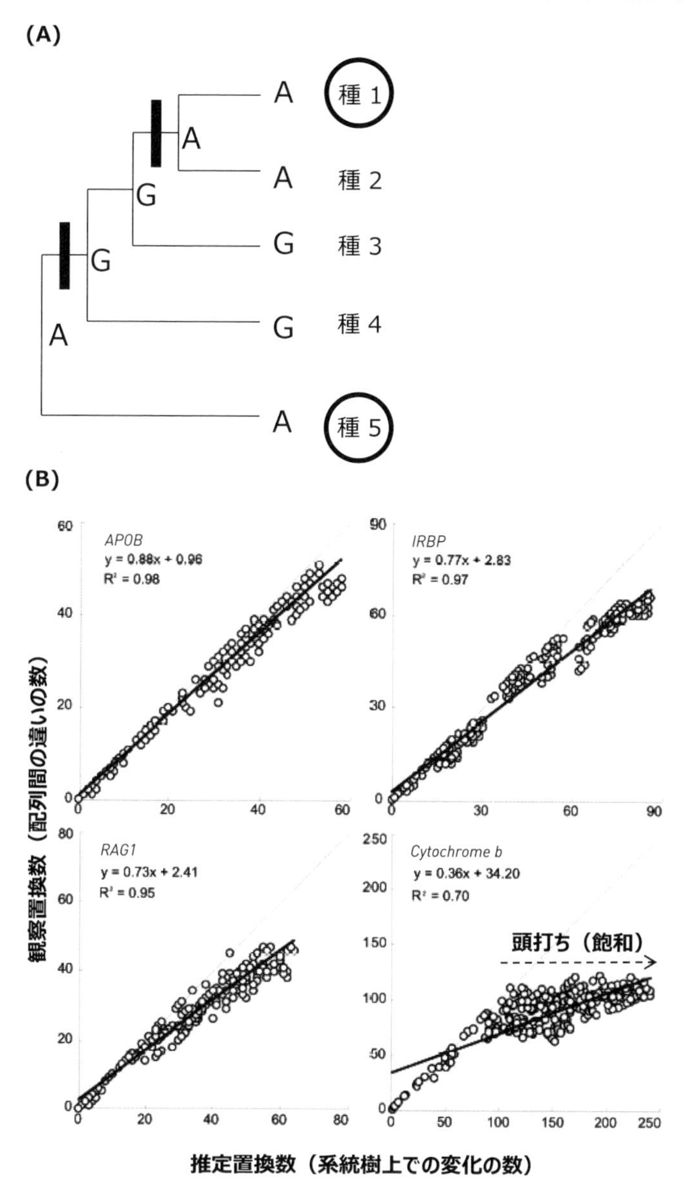

図 3-1　(A) あるサイトにおける 5 種の生物が持つ塩基のパターンと、系統樹上における進化上の変化（推定置換数）。種 1 と種 5 は、このサイトではともに A を持つため、配列間には違いはないが（観察置換数は 0 回）、系統樹上では 2 回の変化が起きている（推定置換数は 2 回）。(B) 3 つの核遺伝子エクソン領域（*APOB*、*IRBP*［*RBP3*］、*RAG1*）と 1 つのミトコンドリア DNA Cytochrome *b* 遺伝子における推定置換数（系統樹上での変化の数）と観察置換数（配列間の違いの数）の比較（Sato *et al*., 2006）。

基配列を比較したときに見られる塩基の違いの数である。一方、推定置換数は、推定した系統樹のうえで、注目した2つの種に至る経路で起きた変化の数を示す（図3-1A)。もし進化速度が速く、同じ場所で何度も変化が起きると、配列間の違い以上に推定した置換の数が増えてくる。このことはある一定の“遠さ”があると、配列間の違いが増えなくなり、飽和の域に達することを意味する。図3-1Bを見てみると、3つの核遺伝子エクソン領域と比較して、ミトコンドリアDNAのチトクローム*b*遺伝子における比較では、観察置換数が頭打ちになっているのがわかる。このことは、ミトコンドリアDNAを使って、進化的に遠い生物の関係性を推定するのはむずかしいことを示している。逆に、核の遺伝子エクソン領域を使えば、進化的に遠い生物の間の関係性をうまく推定できると教えてくれている。進化を考えるうえで重要なことは、わたしたちは現在残されている情報からしか、進化を推定できないことを認識することである。配列間の違い以上のよくわからない変化を仮定することは進化的な関係性を推定するうえでリスクをともなうのである。

このような分子マーカー間の性質の違いを理解することに成功したため、自分の研究のなかで核遺伝子エクソン領域を分析していこうという方向性が定まった。あとは力技である。いくつかの核遺伝子エクソン領域に焦点をあてて、食肉目哺乳類についてそれらのDNA塩基配列を決定した。食肉目の大きなグループ間の関係性のなかで、当時、明らかにされていなかったものの代表として、鰭脚類（ききゃくるい）（アザラシ、アシカ、セイウチ）とレッサーパンダの進化的な位置づけがあった。前者については、第4章で詳しく論じたいので、次節では、後者の研究を紹介しよう。

3.2 パンダではあるがパンダではない

皆さんがもし将来、大学の教員になったならば、学生との間で思い出に残るエピソードができるはずである。わたしにも忘れられないエピソードがある。福山大学で働き始めてから20年が経ったが、2年目の2004年、わたしの所属する研究室に配属になった学生のなかにわたしの研究をしたいといってきた学生が1人いた。当時、わたしは技術職員であったため、正式には学生に研究テーマを与える立場にはなかった。しかし、その学生が卒業研究を2つ実施することを条件に、わたしの研究に携わることを許してもらったのだ（その学生は2つの卒論を書いた！）。そのテーマこそ、「レッサーパンダの進化的由来の解明」であった。卒業研究が始まる少し前に、広島市の安佐動物公園の南心司さんに相談をさせていただき、レッサーパンダの筋肉組織の提供をしていただけることになった。そのとき提供していただいた個体が、国内におけるレッサーパンダの飼育技術の向上に大きく貢献したレッサーパンダ2個体であった。残念ながらそれぞれ2003年12月、2004年2月に死亡し、これらの貴重な試料にもとづき研究をさせていただいた。このようにやる気のある学生と貴重な試料に恵まれ、難問解決に向けたチャレンジが始まった。

レッサーパンダ（*Ailurus fulgens*）は食肉目レッサーパンダ科 Ailuridae Gray, 1843に属する哺乳類であり、現生種としては1種のみが知られている。英名では、ジャイアントパンダ（*Ailuropoda melanoleuca*）と比較して小さなパンダを意味するレッサーパンダか、あるいは赤茶けた毛色にもとづく赤いパンダを意味するレッドパンダと呼ばれている。日本では前者が使われているようなので、本書でもレッサーパンダと呼ぶ。レッサーパンダの進化的な由来、あるいは系統樹上での進化的な位置づけについては、レッサーパンダの存在が報告されてから、180年以上もの長い間、混乱を極めた歴史があった。形態学にもとづく研究では、アライグマに近い（“あらいぐまラスカル”はレッサーパンダに似ている）、クマに近い、独自の系統であるなど、さまざまな系統仮説が提示され、研究者の間で合意が得られていなかった。レッサーパンダの学名である *Ailurus fulgens* には“光り輝くネコ”の意味があり、その名前も混乱に一石を投じていた。近年、遺伝子解析がさかんにおこなわれるようになってからもなかなかその由来は明らかにならず、世界の研究者たちがその解明を競い合ってきた。遺伝子解析だけを見ても、わたしたちの研究を含めて、1993年の最初の論文以降の20年の間に約30本の論文が出ている。いったいレッサーパンダはなにものなのだろうか？

レッサーパンダは、ミャンマー北部、中国南西部（四川省、雲南省）、チベット、ネパール、インド北東部の高山地帯という限られた地域にのみ生息している。また、国際自然保護連合（IUCN）が保全状況をまとめたレッドリストでは、危機（Endangered; EN）に位置づけられ、個体数も減少傾向にあるため、なかなかの希少な種ということになる。意外に思われるかもしれないが、西洋の博物学者の間でパンダとして最初に報告されたのは、ジャイアントパンダよりも、レッサーパンダのほうが先で（1821年)、1869年にジャイアントパンダが報告されるまでは世界で唯一のパンダであった。パンダという名前がどこからきたのかははっきりとはしていないが、nigalya ponyaというネパール語が語源ではないかといわれている。竹を食べる動物という意味がある。どちらのパンダも竹を主食としており、手には竹をつかむのに適した偽の親指（肥大化した橈側種子骨）が存在するなど共通点がある。このような草食適応による形態や生態の特殊化も、両パンダの進化的な関係性の解明に仕掛けられた罠であった。さらに、レッサーパンダ科には現生種としては1種のみが知られており、ユーラシア大陸やアメリカ大陸から報告された近縁種はすべて化石であるため、関係性を探るうえでヒントとなる現生の近縁種も存在しない。その後、ジャイアントパンダは形態的にも遺伝的にもクマ科に近いことが明らかとなった。しかしながら、レッサーパンダの進化的由来の解明という課題は21世紀に持ち越された。

前節で述べたように、わたしたちは核遺伝子エクソン領域を使うというちょっとした工夫をすることで、この問題の解明を目指していた。そんな研究の進んだあるとき、その学生が実験で遺伝子のデータがそろったので系統樹を推定する方法を教えてほしいといってきた。そこで、実験室の片隅にあったわたしのパソコンで一緒に分析をすることにした。系統解析プログラムで系統樹を推定するための開始ボタンを学生にクリックしてもらい、最適系統樹が推定されるまでの間しばらく待った。系統樹を推定できれば、長年の謎であったレッサーパンダの進化的な由来がわかるかもしれないという緊張のときであった。計算が終わった。そしてわたしたちは結果を見た。そこで得られた結果は、「レッサーパンダは独自の系統を持つ」ということであった（図3-2)。アライグマにもイタチにもスカンクにもクマにも近くない。あえていうなら、イタチとアライグマのグループに近い。レッサーパンダだけで成り立つ独自の系統であった。イタチ科には59種、アライグマ科には14種、スカンク科には12種と多くの種が存在する一方で、同じ時代に進化的な分岐を果たしたレッサーパンダの系統を受け継ぐのはレッサーパンダただ1種であることがわかったのだ。その後、分岐年代の推定の結果、レッサーパンダの系統はイタチ科とアライグマ科の祖先との間で、約3000万年前に分岐したと推定された。長い進化の歴

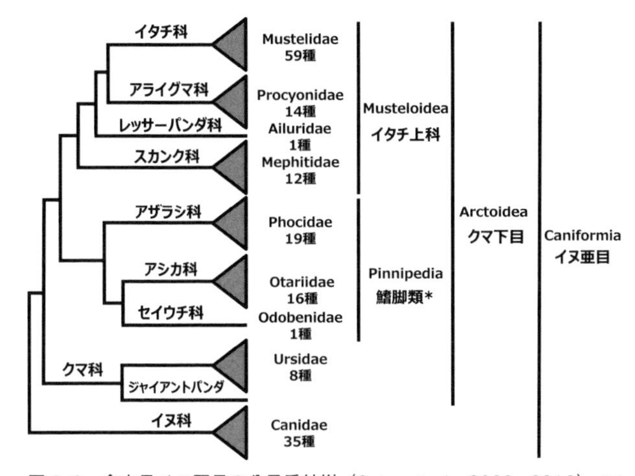

図3-2　食肉目イヌ亜目の分子系統樹（Sato *et al.*, 2009, 2012）。アスタリスク（*）で示した鰭脚類は、Pinnipediaという亜目レベルの分類名がつけられているが、これは食肉目を裂脚亜目と鰭脚亜目に分類していた名残である。現在は、イヌ亜目クマ下目のなかでイタチ上科に近い系統であることが明らかになっているが、ここでは暫定的に鰭脚類と表現する。

史を維持してきた、たった1種類の哺乳類であったのである。結果を見たわたしはやや興奮気味に、「そうか〜、ここに位置づけられるのか〜、面白いな〜。ね？　面白いよね」というようなことをいったのだが、冷静な学生は「先生を見ているほうが面白いです」の一言。180年の謎が解明された瞬間であった。

まとめてみよう。レッサーパンダ科はイタチ上科Musteloideaの主要な系統であり、イタチ科とアライグマ科から構成される系統に近縁である（図3-2）。スカンク科に次いで2番目に分岐したということになる。レッサーパンダ科の起源は、温暖な気候を持つ地球（グリーンハウス）から寒冷な気候を持つ地球（アイスハウス）への劇的な環境変動が起きたとされる始新世から漸新世への移り変わりの直後にあると推定された（約3000万年前）。当時は乾燥化が著しかったことも知られており、そうした地球環境変動がイタチ上科の多様化を促進したものと考えられる。イタチ科、アライグマ科、レッサーパンダ科、スカンク科の間では、系統樹の枝の長さが短いことから、進化的に短い時間で系統分化が起きたのであろう。おそらくこのことがレッサーパンダの進化的由来の解明をむずかしくしていたひとつの原因であろうと考えている。レッサーパンダは竹を食らうパンダではあるが、クマと近縁なジャイアントパンダと異なるという意味で、パンダではなかったということになる。

その後、5つの核遺伝子エクソン領域を分析するまで、追加の実験があったため、論文としてまとめられるまでに時間がかかったが、彼女のデータをもとに書いた論文は2009年12月に分子系統学と進化に関する米国の雑誌に掲載され、世界中の研究者に引用されている（Sato *et al.*, 2009）。現在までに100件以上の引用があり、その後の研究においてもこの系統仮説は支持されている。文字どおり実験室の片隅で世界を変えた研究であった。それは学生を教育する意識を全く持たずに、学生とともに研究することで目標を達成することのできた教育であった。この体験は、教育というのは学生と同じ目標を目指し研究をおこなった結果であり、教育そのものを目的とすべきではないという今の考えに大きな影響を与えた。そして、見知らぬ土地にきて間もないわたしにとっては、どこにいたって、研究はできるのだと勇気をもらった体験であった。

3.3 分類論争

「分類論争」が激しかったことを知る人は、皆さんのなかにはおそらく少ないかもしれない。わたしも研究室に入ったときには収束しつつある状況にあったため、多くのことを直接体験したわけではないが、遺伝学者側からは形態学者から強い批判を浴びたという言葉をよく耳にすることがあった。わたしも大きな批判ではないものの、「あなたがやっていることは生物学ではなく遺伝子学だ」とか、「分子系統学なんてだめだよね」といった、今思えば、そうした論争の名残のような言葉を受けたことはある。わたしの恩師の鈴木仁先生や鈴木仁先生の恩師の森脇和郎先生は、日本の哺乳類学の世界に遺伝学を持ち込んだパイオニアであり、その当時は、哺乳類学会のなかでも「遺伝 vs. 形態」の対立の構図があったことを聞くこともあった。今、その当時のことを想像すると、その構図がなぜ生じたのかを理解できなくもない。生きものを全身全霊で観察し、いわば生きものを熟知する形態学者が、組織の一部から簡単にDNAを取り出し、形態データよりもたくさんの情報を使って生物を分類するという試みに、少なからず批判めいた感情を覚えるのは理解にたやすい。わたしの父は高山植物の生態学者である。高山植物の分布表をリビングのテーブルに広げて、どこにどの植物の種類があったのかをひとつひとつチェックする姿は子ども心に印象深いものであった。植物の種類の有無をチェックするのに、いったいいくつの山を登ったのであろうか。これまで足で稼いできた形態学者や生態学者にとって、「ちょちょいと」遺伝分析をして（そうではないことをわかって表現する）、わかったような結果が出てくることに、いくばくかの批判を投げかけたい気持ちは十分に理解できる。分類をめぐる遺伝学と形態学の対立は、少し離れた立場から見ると、当然の歴史プロセスであったのではないかと思う。しかし、もっと離れた立場から見ると、この対立は意味のない対立であり、両者には別の役割があるのである。

それでは、進化生物学における遺伝学の役割とはなんであろうか？　この数十年の間で、遺伝学が書き換えた分類は哺乳類学の分野においても数多くあげられる。たとえば、有胎盤類を4つのグループに分けることができたことも、分子系統学がもたらした大きな成果である。哺乳類のなかには、卵生の単孔類（カモノハシやハリモグラ）、おなかに袋を持つ有袋類（カンガルーやコアラなど）、そして有胎盤類（それ以外の哺乳類）が存在する。有胎盤類とはその名のとおり胎盤を持つ哺乳類である（紛らわしいが有袋類にも胎盤はある）。もちろんわたしたちも有胎盤類で、お母さんのおなかのなかである程度大きくなるまで大切に育てられた後に誕生する。イヌもネコもウマもウシもブタもクジラもコウモリもモグラもネズミもウサギもサルもゾウもジュゴンもナマケモノもアリクイもすべて胎盤を持つ哺乳類である。したがって、有胎盤類が4つのグループに分かれていったのは、かなり古い時代であることは感じていただけるのではないかと思う。哺乳類は、約6550万年前以降の新生代に栄えたといわれている。それは、宇宙から飛来した巨大隕石が地球に衝突し、地球環境が破壊的な影響を受けたがために、恐竜が絶滅したからだとされる。しかし、有胎盤類が進化的に分かれ始めたのは、恐竜が栄えていた中生代の白亜紀のころである。そのくらい古い時代の話である。進化的に遠い種の間の関係性を推定するためには核の遺伝子のほうが有効であることは説明したが、2001年に、まさにその核の遺伝子をたくさん使うことで、有胎盤類に4つのグループが検出されたという論文が、Nature誌に2報連続ページで掲載された（Madsen *et al.*, 2001; Murphy *et al.*, 2001）。発表当時には、研究を始めたばかりであったので、こういったDNAを使って哺乳類の進化を探る研究が、一流誌に掲載されることもあるのだと勇気をもらった覚えがある。その4つのグループとは、

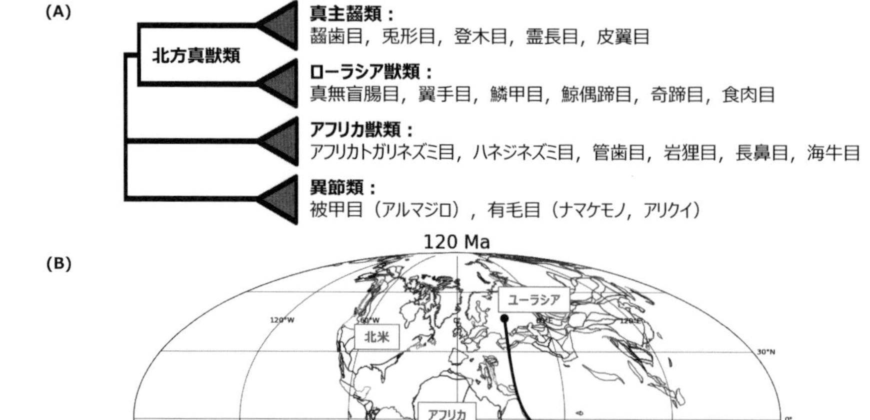

図 3-3 (A) 分子系統学的研究にもとづく、有胎盤哺乳類の4つのグループの系統関係。(B) GPlates Web Service (https://portal.gplates.org/) を使って描いた1億2000万年前の地図。北方真獣類、アフリカ獣類、異節類は、大陸移動とともに系統分化を果たしたと考えられる。

アフリカ獣類、異節類、真主齧類、ローラシア獣類で（図3-3A)、真主齧類とローラシア獣類が近縁で北方真獣類と呼ばれている以外は、4グループの関係性はわかっていない。異節類は南米に、アフリカ獣類はアフリカに、北方真獣類は現在のユーラシア大陸の北部に起源がある。これら3つの系統は、大陸移動とともに同時に分かれていったのではないかと考えられている（図3-3B)。このように遺伝学は、他の情報では推定の不可能な古い関係性を明らかにするうえで、大きな役割を果たしており、その結果、哺乳類をはじめ、多くの生物の分類に貢献してきたのである。

ではなぜ、遺伝情報は進化を探るうえで効果的なのだろうか？　大切な点はDNA上に生じる変化の量がある程度、時間を反映していることである。時間が経つにつれて変化が大きくなれば、逆に変化の量から進化を推定できるのである。ここでまた頭のなかで実験をしてみよう。皆さんは地球に残された最後の1000人の1人である。1000人いるということは、この集団のなかには父と母から受け継いだ2000個のゲノムがある。そのゲノムのなかで、ある1つの遺伝子に注目しよう。2000個の遺伝子を見てみると、どうやらあなたの父方遺伝子だけ突然変異によって異なるタイプを持っており（タイプAとする）、集団のなかの残りの1999個の遺伝子はタイプBであった。さて、何世代も後のこと、あなたのタイプA遺伝子が集団全体に広まっている確率はどのように考えればよいだろう？　2000個の遺伝子のなかの1つが選ばれるのだから、2000分の1であると考えた人はいるだろうか？　そのように考えた人は、意識していないかもしれないが、タイプAとタイプBを持つ個体の間で、生きるうえで（生存上）、そして子どもを残すうえで（繁殖上）、違いはないと仮定していることとなる。袋のなかの2000個の球のなかからAと書かれた球を引き出すことを考えてみるとよい。つまり、タイプAに生じた突然変異は中立であるということだ。少しだけ一般化して考えてみたい。今、1世代において、1つのゲノムあたり、vの確率で突然変異が生じるとしよう。1000人の集団ということなので、2000個のゲノムがあるため、1世代で突然変異の生じる確率は、2000 vとなる。この突然変異が集団全体に広まる確率は、もしその突然変異が中立である場合には、2000分の1である。ある突然変異が生じ、その突然変異が頻度を変えながら集団に広まることを進化の着地点とするならば、ある突然変異が2000 vの確率で生じ、1/2000の確率で集団全体に広まるという進化速度kは、2000 v×1/2000と考えることができる。一般化した図を図3-4に示した。N個体の集団には$2N$個のゲノムがあり、ある中立な突然変異が集団全体に広まる固定確率は$1/2N$となる。つまり、進化速度kを計算すると、$2N$とvと$1/2N$をかけあわせて$k=v$となる。これは、進化速度はゲノムあたりの突然変異率に等しいということになる。このことは、もし突然変異が一定の間隔で起きるのであれば、そして、生じる突然変異が中立であれば、進化速度は一定になるということを意味している。では、ゲノムあたりの突然変異率は一定なのだろうか？　進化において重要な突然変異は精子や卵といった生殖

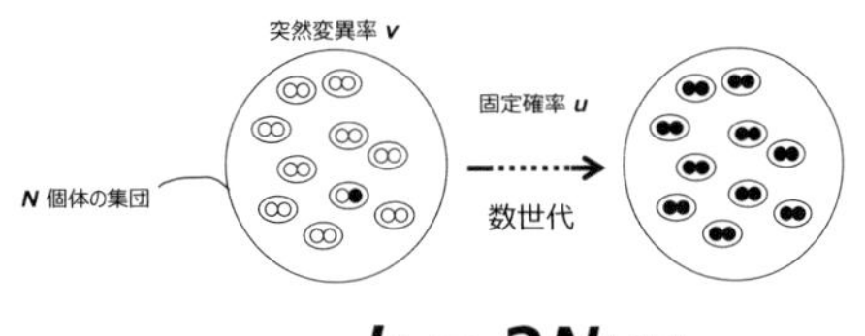

$$k = 2Nvu$$

k ： **進化速度**
N ： **集団サイズ**
v ： 1遺伝子あたりの**突然変異率**
u ： その**突然変異**が集団全体に広まる確率（**固定確率**）

図3-4　N個体の集団において、突然変異が集団全体に広まることを進化と定義したときの進化速度の計算方法（佐藤，2022）。

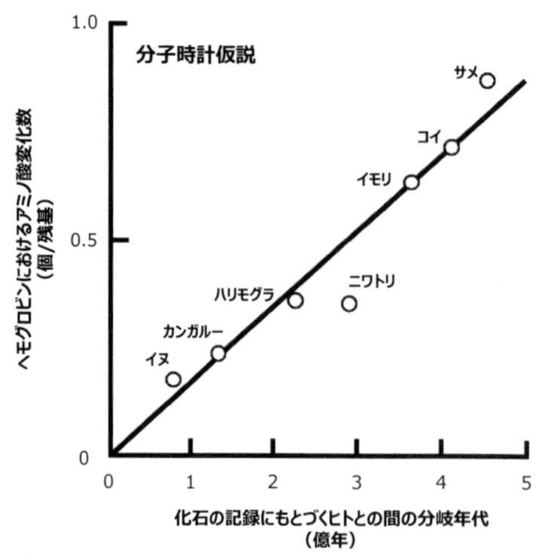

図 3-5　分子時計仮説。化石の記録にもとづくさまざまな脊椎動物とヒトとの間の分岐年代とヘモグロビンのアミノ酸の変化数には比例関係が見られる。

細胞に生じた突然変異である。したがって、世代交代の時間の長さが突然変異率に影響する。世代時間が短い生物では生殖細胞が次世代に伝わる機会が多くあるために、それだけ突然変異が短い時間で伝わりやすくなる。逆も然りである。進化の過程で世代時間が劇的に変わることはないと考えると、突然変異率も劇的には変わらず、進化速度は一定になりやすい。進化速度が一定になると、進化的に遠い生物間のDNAでは違いが多く、進化的に近い生物間では違いが少ないことになり、生物間の関係性を探るうえで重要な性質になるのだ。形態データにこうした性質を求めるのは困難だろう。それでは、突然変異には中立なものが多いのだろうか？　ヒトのゲノムのなかでは、生物の機能上、重要なタンパク質をコードする遺伝子は1.5%のみであり、それ以外のゲノム領域においても、転写調節やその他のさまざまな生命現象を支えるRNAが存在するとはいえ、多くの場所は機能を持たないと考えられている。また、タンパク質をコードする領域で起こる突然変異においてさえ、多くはアミノ酸の変化を引き起こさない同義置換であることが知られている。したがって、ゲノムに残された突然変異の多くは中立的であると考えて差し支えないであろう。実際に、分子時計仮説という考えが知られており（Zuckerkandl and Pauling, 1965）、化石から推定された分岐年代とヘモグロビンタンパクのアミノ酸配列の違いの間には、正の相関があることが知られている（図3-5）。遺伝情報はある程度、時間を反映するのである。この性質は、DNA以外では得られない性質であり、今のところ、生物の系統関係を探るうえでは最適であると考えざるをえない。

それでは、形態学の役割とはなんであろうか？　まず、生きものの形はそれ自体、興味深く、生物が好きな学生は生物の形、とりわけ骨の形に興味を持つことが多い（人それぞれではあろうが）。形は生きものとはなんなのかを考えるうえで、インスピレーションを与えてくれる題材なのである。そもそも、その形がどのように進化してきたのかという点に興味をいだくことから始まる進化の研究も多いのだ。そうした魅力をわきに置いておいたとしても、形態が進化の研究に貢献する役割はかなり大きい。そのひとつは化石を分析できる点である。数十万年前程度の化石であれば、今や古代DNA分析で、遺伝分析ができてしまう場合もあるが、それ以前の化石については、遺伝分析は不可能である。化石のみで知られている哺乳類の関係性は、形態の研究のみでしか解決できない問題である。化石の記録は地球に残された唯一の直接的な進化の証拠である。この重要性は、今後も変わることはない。将来的には、進化と発生を組み合わせて、ある形の発生過程がどのように進化してきたのかを探る進化発生生物学（Evolutionary Developmental Biology）、つまりエボデボ（Evolution と Development の頭文字を取った造語）の研究の発展により、形を生み出す遺伝的な要因も明らかになるであろうから、その形が進化上どのような意義を持っていたのかを明らかにできる日もやってくるに違いない。遺伝学の発展が、伝統的な形態学者にとっては逆説的ではあるが、形態学の魅力を高めることになるのであろう。

これからも新しいテクノロジーの出現とともに、新しい議論が起こり、ときに批判めいた議論の応酬が繰り広げられることもあるだろう。しかし、若い人たちにはどうか一歩引いてその議論を受け止めてほしい。そうした議論のなかには、たがいの良し悪しが明らかになるいい議論もあるはずである。もし、その批判を受ける当事者になったとしても、その分野をあきらめる必要など全くない。むしろ、よく考えるためのきっかけにしてほしい。そして批判を恐れずに新しいテクノロジーを推し進めてほしい。未知の世界を切り開き、新しい世界をつくっていくのはしばらくの間、テクノロジーであるはずである。テクノロジーがある程度、いきつくところまでいきつくと、再び足で稼ぐ試料がものをいう時代がやってくる。サイエンスとはそうした循環のなかで成り立つ学問なのである。

3.4 収斂進化・平行進化

収斂(しゅうれん)進化や平行進化という言葉を聞いたことはあるだろうか？　進化は過去に起きた現象であるため、実際に目で見ることができない。したがって、その解釈には節約性が重要であることは上で述べた。余計なプロセスは考えないということだ。しかし、現実の進化というものは、節約性だけにしたがって起きているわけではない。目の前に、形が似ている生物が出されたからといって、それらが進化的に近い関係であるとは限らないのだ。同じような環境で生きることで、独立に類似した形態や生態を持つようになることを収斂進化あるいは平行進化と呼ぶ。厳密には2つは異なる考えである。前者の収斂進化は、共通の遺伝的基盤にもとづかずに独立に類似した特徴を持つに至ったことを意味し、後者の平行進化は共通祖先から受け継がれた共通の遺伝的基盤から独立に類似した特徴を持つに至ったことを意味する（日本進化学会編集『進化学事典』）。遺伝情報にもとづく進化の研究がさかんになってから、収斂進化や平行進化が報告されることが多くなってきた。似ていた生物が実は進化的には遠い、“他人の空似”の関係の生物だったのである。哺乳類でも多くの収斂進化が知られている。ローラシア獣類である鯨類（クジラやイルカ）とアフリカ獣類である海牛類（ジュゴンやマナティー）は独立に海で生きるようになったため、流線形の体を持ち、後ろ脚がないなどの点で似ている。形だけ見ていると、似ているとだまされてしまうが、DNA を分析できるようになったからこそ、“別物である”と明らかになったわけである。ジャイアントパンダとレッサーパンダの草食適応と偽の親指の存在も似た環境で生きることを強いられたがために両種が独立に身につけた特徴であろう。わたしの研究のなかからもうひとつだけ、独立に獲得したと思われるイタチ科の特徴について紹介したい。

イタチ科のなかでアナグマ類ほど分類における議論が巻き起こった動物はいない。アナグマはその名のとおり、巣穴を掘るための頑強な爪を持ち、短く力強い四肢を持つことを特徴とする。英語で badger（バジャー）というが、これはフランス語で digger を意味する bêcheur からきている。日本でも穴を掘るクマという意味の名前がつけられているので、こうした生態や形態が命名に一役買っていることになる。日本には本州・四国・九州にアナグマが分布しているが、アナグマと呼ばれる動物は世界中に少なくとも13種類存在する（図

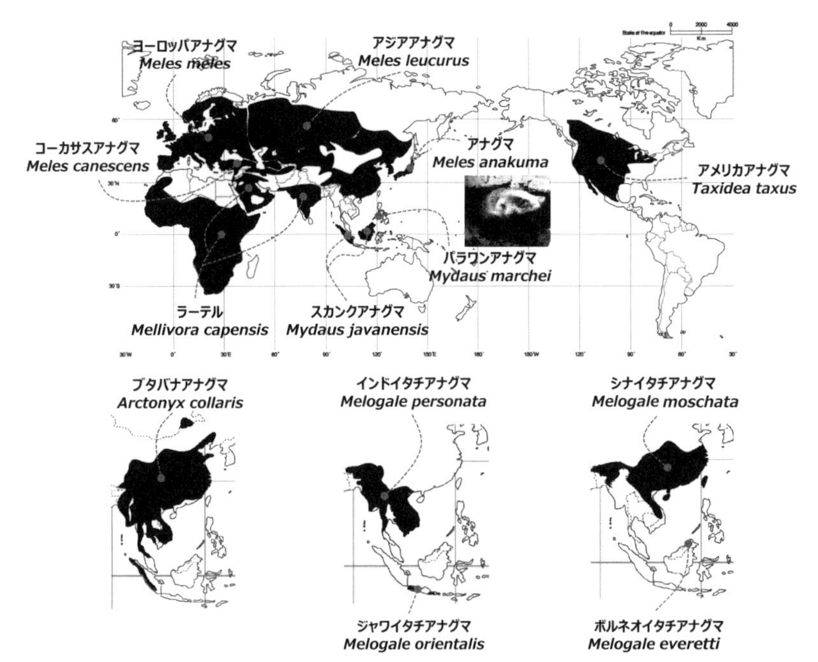

図3-6　世界のアナグマ類の分布図（Sato, 2016b)。写真は日本のアナグマ *Meles anakuma*（福山大学キャンパスにて。2016年9月2日筆者による撮影）。

3-6)。“少なくとも”と述べたのは、遺伝分析により新しい種が加え続けられているからである。これらのアナグマ類は、上の生態的・形態的特徴からイタチ科のなかでアナグマ亜科（Melinae）とまとめられることもあった。著名な哺乳類学者である米国のジョージ・ゲイロード・シンプソンは、1945年に世界のアナグマ類をアナグマ亜科にまとめながらも以下のように述べている(Simpson, 1945)。「…… further separation of the badgers into different natural groups seems to me impossible or at least premature now（アナグマ類をさらに異なる自然グループに分けることは不可能に思える、あるいは少なくとも今のところは機が熟していない)」。この言葉から皆さんはなにを感じるだろうか？　1つのグループにならない可能性も意識していたのではないか？　彼の分類は、必ずしも1つの起源を持たない（単系統ではない）種群も同じグループに分類することを許していたため、おそらくはアナグマ類が同じ祖先を共有していることに疑問を感じていたのかもしれない。その後の、形態学や遺伝学の研究では、アナグマ亜科の単系統が否定され続け、その疑いは真実味を帯びてきた。特に2000年以降、わたしたちの研究を含めた分子系統学的研究により、アナグマ類が系統樹上のさまざまな場所に位置づけられることがわかってきた。アナグマ類の系統・分類学に関する研究の歴史の詳細については、2016年に総説としてまとめた（Sato, 2016b）。

アナグマ類と他の進化的に近い動物との間の関係性が長らく不明であったのは、食肉目における科レベルの関係性、そして、イタチ科における亜科レベルの関係性が明らかになっていなかったことが原因であった。特に、イタチ科は亜科のレベルにおいて、形態や生態の点で、著しい多様性があり、形態ではその関係性の推定はむずかしい課題であった。たとえば、地上性のイタチ類、樹上性のテン類、水生のカワウソ類など生態や形態のさまざまなイタチ科の動物が亜科レベルで多様化しているのである。これらの亜科の分類については、19世紀の半ば以降、2亜科から15亜科まで提唱され、150年もの間、混乱が続いていた（表3-1）。この亜科の分類における混乱の原因のひとつが、アナグマ類がどのように分類されるのかということであった（表3-1）。これらの課題を解決するために、わたしたちは9つの核の遺伝子と1つのミトコンドリアの遺伝子にもとづく分子系統学的研究をおこなった。その結果として得られた系統樹を簡略化したものを図3-7に示した。結局、イタチ科とスカンク科のなかに5つのアナグマの系統を検出することができた。アナグマ類は系統樹の異なる場所に位置づけられたことになる（図中の星印）。たとえば、イタチアナグマ属（*Melogale*）は、イタチ亜科、カワウソ亜科、ゾリラ亜科に近縁であり、アメリカアナグマ属（*Taxidea*）はイタチ科のなかで最も初期に分岐した系統を持つことがわかった。ラーテル属（*Mellivora*；ハニーバジャーと呼ばれる）とアナグマ属（*Meles*）・ブタバナアナグマ属（*Arctonyx*）の系統関係はいまだ不明であるものの、それぞれイタチ科の進化のなかでは初期に分岐した古い系統であることがわかった。そして、スカンクアナグマ属（*Mydaus*）に至っては、スカンク科に位置づけられた。つまり、むずかしい表現をすると、シンプソンのアナグマ亜科 Melinae は、系統樹上のさまざまな場所で顔を出す「多系統」であったのだ。分岐年代を推定してみると、イタチ科の亜科間の分岐は、中期から後期中新世の500万年という比較的短い時間に起きたことが示された（図3-7）。わたしたちは、これを適応放散と呼んでいる。適応放散とは、短い時間にそれぞれの生息環境に合わせて形態や生態などの表現型が一気に多様化

表3-1　イタチ科の亜科と属の分類の歴史（Sato, 2016b）。

参考文献	亜科（subfamily）あるいは族（tribe）の数と名前	アナグマ類がどのように分類されているか？
Gray（1865, 1869）	8族（Enhydrina, Lutrina, Mustelina, Helictidina, Melina, Mellivorina, Mephitina, Zorillina）[a]	Helictidina（*Helictis*）, Melina（*Arctonyx, Meles, Mydaus, Taxidea*）, Mellivorina（*Mellivora*）
Gill（1872）	8亜科（Enhydrinae, Lutrinae, Mustelinae, Helictidinae, Melinae, Mellivorinae, Mephitinae, Zorillinae）	Helictidinae（*Helictis*）, Melinae（*Arctonyx, Meles, Mydaus, Taxidea*）, Mellivorinae（*Mellivora*）
Flower（1883）	3亜科（Lutrinae, Melinae, Mustelinae）	Melinae（*Arctonyx, Helictis, Meles, Mellivora, Mydaus, Taxidea*）
Pocock（1922）	15亜科（Guloninae, Grisoninae, Helictidinae, Ictonychinae, Lataxinae, Lyncodontinae, Lutrinae, Martinae, Melinae, Mellivorinae, Mephitinae, Mustelinae, Mydainae, Tayrinae, Taxidiinae）	Helictidinae（*Helictis, Melogale*）, Melinae（*Arctonyx, Meles*）, Mellivorinae（*Mellivora*）, Mydainae（*Mydaus*）, Taxidiinae（*Taxidea*）
Simpson（1945）	5亜科（Lutrinae, Melinae, Mellivorinae, Mephitinae, Mustelinae）	Melinae（*Arctonyx, Meles, Melogale, Mydaus, Taxidea*）, Mellivorinae（*Mellivora*）
Long（1981）	2亜科（Melinae, Mustelinae）あるいは6亜科（Lutrinae, Melinae, Mellivorinae, Mephitinae, Mustelinae, Taxidiinae）	Melinae（*Arctonyx, Meles, Melogale, Mydaus, Taxidea*）, Mustelinae（*Mellivora*）あるいはMelinae（*Arctonyx, Meles, Melogale, Mydaus*）, Mellivorinae（*Mellivora*）, Taxidiinae（*Taxidea*）
Anderson（1989）	6亜科（Galictinae, Lutrinae, Melinae, Mellivorinae, Mephitinae,Mustelinae）	Melinae（*Arctonyx, Meles, Melogale, Taxidea*）, Mellivorinae（*Mellivora*）, Mephitinae（*Mydaus*）
Wozencraft（1989）	4亜科（Lutrinae, Melinae, Mephitinae, Mustelinae）[b]	Melinae（*Arctonyx, Meles, Melogale, Mydaus*）, Mustelinae（*Mellivora*）
Wozencraft（1993）	6亜科（Lutrinae, Melinae, Mellivorinae, Mephitinae, Mustelinae, Taxidiinae）	Melinae（*Arctonyx, Meles, Melogale, Mydaus*）, Mellivorinae（*Mellivora*）, Taxidiinae（*Taxidea*）
Wozencraft（2005）	2亜科（Lutrinae, Mustelinae）[c]	Mustelinae（*Arctonyx, Meles, Mellivora, Melogale, Taxidea*）
Koepfli *et al.*（2008）	8亜科（Galictinae, Helictidinae, Lutrinae, Martinae, Melinae, Mellivorinae, Mustelinae, Taxidiinae）[c]	Helictidinae（*Melogale*）, Melinae（*Arctonyx, Meles*）, Mellivorinae（*Mellivora*）, Taxidiinae（*Taxidea*）
Sato *et al.*（2012）	8亜科（Guloninae, Helictidinae, Ictonychinae, Lutrinae, Melinae, Mellivorinae, Mustelinae, Taxidiinae）[c]	Helictidinae（*Melogale*）, Melinae（*Arctonyx, Meles*）, Mellivorinae（*Mellivora*）, Taxidiinae（*Taxidea*）

[a] Helictidina, Melina, Mellivorina, Mephitina, and Zorillinaの5つはイタチ科Mustelidaeではなく、Melinidaeに分類された。

[b] アメリカアナグマ属（*Taxidea*）の地位が不明（incertae sedis）とされた。

[c] スカンクアナグマ属（*Mydaus*）は異なる科であるスカンク科（Mephitidae）に分類された。

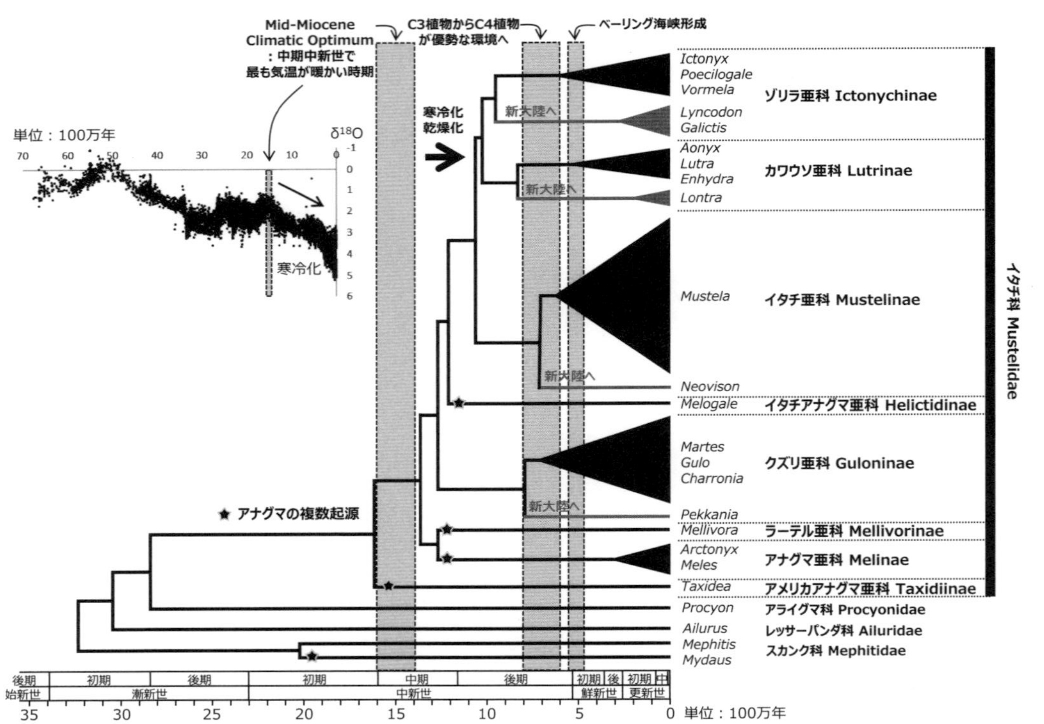

図 3-7　9 つの核遺伝子と 1 つのミトコンドリア遺伝子を用いて推定したイタチ上科の分子系統樹（Sato *et al*., 2012; 佐藤, 2022）。星印はアナグマの系統を示す。ラーテル亜科とアナグマ亜科、そしてその他のイタチ類との間の系統関係は不明であるため、ラーテル亜科とアナグマ亜科では、独立に星印を示した。下のバーは時間軸であり、100 万年単位の年代と地質年代の名称を示す。左上のグラフは、地球の温暖化・寒冷化の変遷を示す（Zachos *et al*., 2001）。横軸が 100 万年単位の年代であり、縦軸は $\delta^{18}O$ 値を示す。$\delta^{18}O$ 値が高いほど、寒冷な気候である。

することである。これらの亜科間の分岐が起こる前には、約1500万-1700万年前に中期中新世最温暖期があり、分岐が起きたのは、後期中新世に向けて、寒冷化・乾燥化に進む地球環境の変動の時代であった。少なくともイタチ科の亜科に関しては、そうした変動のなかで、一気に多様化した結果、関係性がわからないものになってしまったのだろう。

さて、アナグマ類は系統樹の異なる場所に位置づけられた。このことはなにを意味するのであろうか？　アナグマのように穴を掘るための特徴が独立に進化してきたのであろうか？　もしそうであれば、収斂進化や平行進化が起きたことになるだろう。同じ遺伝的基盤により、頑強な爪やしっかりとした四肢ができたのであれば平行進化で、異なる遺伝的基盤であれば収斂進化と呼ぶべきだろう。遺伝的基盤が同じかどうかは今の時点ではわからない。今後、分子生物学がもっと野生動物の分析に応用できるようになれば、明らかになるかもしれない。「いや、ちょっと待てよ」と考えた人はいるだろうか？　アナグマ的な特徴が独立に進化したのではなく、もともとイタチ科はアナグマ的な特徴を持っており、アナグマ的な特徴以外の特徴が、アナグマ以外で独立に生じたのではないか、と考えた人がいればそれは鋭い考えである。それも正しい解釈だと思う。実はそちらのほうが節約的だ。祖先は穴を掘っており、そのうち穴を利用するような細長い姿のイタチやテンなどが生じてきたのだろうか？　独立に頑強な爪が生じたのか、独立に頑強な爪が失われたのか、いずれにしても、進化というものは、環境に応じて、独立に同じような特徴を導くことがあるものである。

3.5 地球環境と進化

系統樹のなかにはどうしても解明できない場所がある。DNAマーカーを増やしていっても、関係性がいまいちはっきりとわからないのだ。なぜだろうか？　問題は、DNAマーカーのなかに、そのような関係性を示すような情報が残されていないからである。たとえば、ヒトと最も進化的に近い関係の種はチンパンジーである。なぜ、それがわかるのかというと、ゴリラやオランウータンと比較して、チンパンジーとヒトが近いことを示す情報がゲノムのなかにたくさん残されているからである。つまり、チンパンジーとヒトの共通祖先がゴリラの系統と分岐してから、チンパンジーとヒトが分岐するまでの時間が比較的長かったということもできる。それではいくら分析しても解明されない関係性については、なぜ、そのような関係性に関する情報が残されていないのだろうか？　2つのことを考えなくてはならない。ひとつは、まだまだデータ不足であるということだ。第5章で説明するように、今は次世代シークエンサーが登場し、数百万塩基対レベルで分子系統解析がされることもある。しかし、“たかが”数百万である。ゲノムは数十億あるのだ。関係性に関する情報がないというのであれば、数十億塩基対のデータの分析が終わってからにしてほしい、という考えだ。しかし、もうひとつ考えなくてはならないのは、本当にそのような情報がないことだ。どれか2つの系統が近いという情報が残らないほどに、早く次の分岐が起きてしまったか、本当に3つ以上の系統が同時に分岐してしまったならば、系統関係を教えてくれる情報はゲノムには残らないであろう。系統樹において、関係性がわからず、3つ以上の系統が同時に分岐していることをポリトミー（多分岐）と表現する。そのなかで、DNAマーカーにおける系統情報が十分ではないために生じたポリトミーをソフトポリトミーと呼ぶ。一方で、本当に3つ以上の系統が同時に分岐していた場合、ハードポリトミーと呼ぶ。すべての種のゲノムを分析したわけではないので、まだはっきりとしたことはいえないが、哺乳類の進化のなかで、ハードポリトミーと思われる事例にはよく遭遇し、おそらくは地球環境の変動が関与しているのではないかと疑われる。

哺乳類は恐竜が絶滅した後、約6550万年前以降の新生代に多様化したことは述べた。有胎盤類は、恐竜が生きていた中生代にすでにアフリカ獣類、異節類、真主齧類、ローラシア獣類の4つのグループに分かれていたが、その後、19目のサブグループへと多様化した。そのサブグループのなかから、真無盲腸目 Eulipotyphla の初期の多様化に着目した研究を紹介したい（Sato *et al.*, 2016; 2019a）。真無盲腸目にはハリネズミ科、トガリネズミ科、モグラ科、ソレノドン科の4つの科が存在する。これら4つのグループが分岐した年代については議論があるところではあるが、わたしたちの推定では、恐竜が絶滅した後の新生代になってから多様化したことが支持されている（図3-8A）。その関係性は、ハリネズミ科とトガリネズミ科が近縁であることを除いて、はっきりとはわかっていない。ここで少しむずかしい解析方法を説明しなければなら

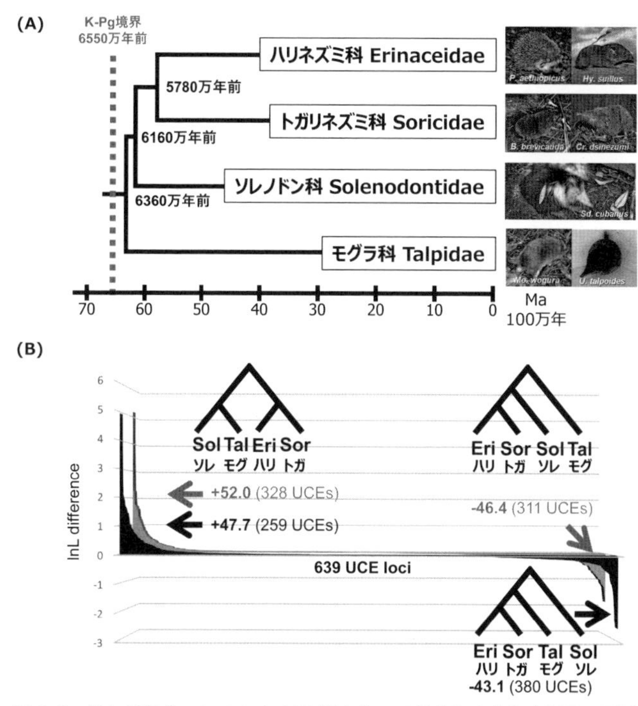

図3-8　(A) 超保存エレメント639個を使って推定した真無盲腸目の系統関係（Sato *et al*., 2019a, 撮影：筆者、大舘智志、Lazaro Echenique-Diaz、森部絢嗣）。(B) 左右の系統樹に対するそれぞれのUCEマーカーが持つ尤度の差を取ったもの（縦軸は対数尤度lnLの差；佐藤・木下, 2020）。たとえば、灰色のグラフの場合、328個のUCEはSol（ソレノドン科）とTal（モグラ科）の近縁性を示すが、311個のUCEはEri-Sor（ハリネズミ科・トガリネズミ科）とSol（ソレノドン科）の近縁性を示す。+52.0と−46.4はそれぞれの面積をあらわし、左右で大きな違いがないことがわかる。黒色のグラフの場合、259個のUCEはSol（ソレノドン科）とTal（モグラ科）の近縁性を示すが、380個のUCEはEri-Sor（ハリネズミ科・トガリネズミ科）とTal（モグラ科）の近縁性を示す。+47.7と−43.1はそれぞれの面積をあらわし、左右で大きな違いがないことがわかる。

ない。この研究では、最尤法（さいゆうほう）という手法で系統樹を推定した。最尤法を用いた系統推定では、尤度が最も高い系統樹が最適であると判断される。尤度というのは、あるモデルを仮定したときに観測値が得られる尤（もっと）もらしさ（確率）のことである。最尤法で系統推定する際には、系統樹の樹形や枝の長さ、塩基置換モデルのパラメータを変えていき、手持ちのデータが最も高い確率で得られるような系統樹を最適とする。その際に、尤度はDNAのすべてのサイトで計算される。たとえば、ヒト、チンパンジー、ゴリラの関係性を知りたいときに、

10文字の塩基配列から最尤法で系統樹を推定するとしよう。1番目のサイトは、ヒトがA、チンパンジーがA、ゴリラがTを持っていたとする。ある樹形と枝の長さを持った系統樹がそのサイトをどのような確率で生成できるのかを計算するのだ。それを2番目、3番目のサイトと順に計算して、最後には各サイトで計算された尤度を合算する。つまり、サイトごとに尤度が計算されるため、そのサイトをかき集めたDNAマーカー（ある長さの塩基配列）ごとに、特定の系統樹に対する尤度（どれだけその系統樹が尤もらしいか）を計算することができる。ここで、わたしたちが使ったDNAマーカーについて説明したい。ゲノムのなかには、進化的に遠い関係の生物間で比較的保存された領域である超保存エレメント（Ultra-Conserved Element; UCE）と呼ばれる領域がある。第5章で説明するシークエンスキャプチャー法と次世代シークエンス技術を応用することで、ゲノム内に散在するこのUCE領域をシークエンスすることができる。わたしたちはこの方法を使って、639個のUCEを検出することに成功した。この639個のDNAマーカーは上の4つのグループの関係性についてどのような情報を持っているのであろうか？　たとえば、ハリネズミ科(Eri)・トガリネズミ科（Sor）とモグラ科（Tal）が近い系統樹、ハリネズミ科（Eri)・トガリネズミ科（Sor）とソレノドン科（Sol）が近い系統樹、そしてモグラ科とソレノドン科が近い系統樹の3種類の系統樹それぞれに対して、639個のDNAマーカーが示す尤度を計算し、各DNAマーカーが示す2つの系統樹に対する尤度の差を調べてみたのが図3-8Bである。そうすると、グラフの左側に見られるように差がプラスになっているDNAマーカー、つまり、モグラ科とソレノドン科が近い系統樹を支持するDNAマーカーと、グラフの右側に見られるように差がマイナスになっているDNAマーカー、つまり、ハリネズミ科（Eri)・トガリネズミ科（Sor）とモグラ科（Tal）が近い系統樹やハリネズミ科（Eri)・トガリネズミ科（Sor）とソレノドン科（Sol）が近い系統樹を支持するDNAマーカーの数がほぼ等しいことがわかった。つまり、639個のDNAマーカー間で合意が得られないほど混乱した情報がゲノム上に残されているということがわかったのだ。このことは分岐と分岐の間の時間が短く、一気に多様化したというハードポリトミーで説明することができる。恐竜のいない新生代において、新しく生じた空白のスペースに入り込むように哺乳類は多様化を果たしていったと考えることができよう。

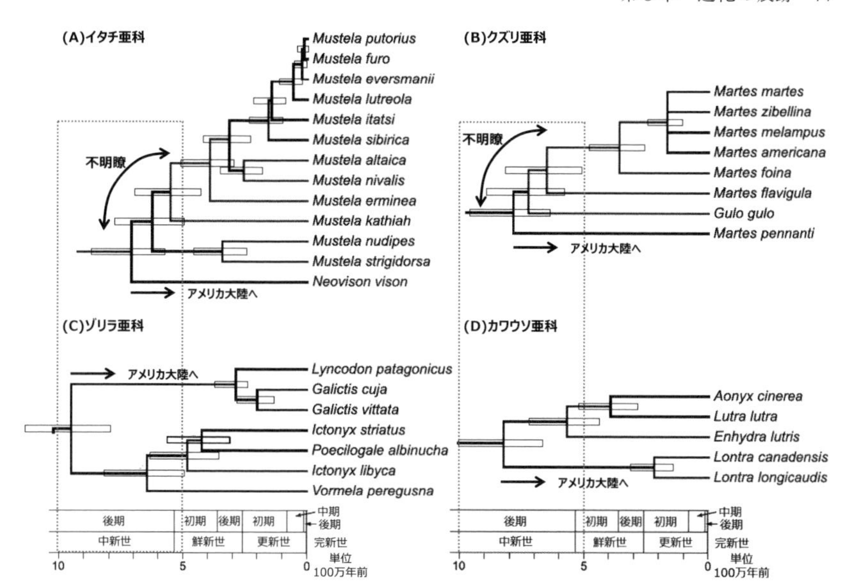

図3-9　図3-7における各亜科の内部における系統関係（Sato *et al.*, 2012）。(A) イタチ亜科 Mustelinae。(B) クズリ亜科 Guloninae。(C) ゾリラ亜科 Ictonychinae。(D) カワウソ亜科 Lutrinae。灰色の点線は500万年前から1000万年前の時間の範囲を示す。クズリ亜科 (B) における *Martes flavigula* および *Martes pennanti* は、現在、*Charronia flavigula* および *Pekania pennanti* と呼ばれている。

ハードポリトミーの例をもうひとつ紹介したい。それは1000万年前から500万年までの期間に相当する後期中新世において、さまざまな哺乳類で解明のむずかしい関係性があるのだ。図3-7のイタチ上科の系統樹における各亜科の部分の系統関係を抜き出した図3-9を見ていただきたい。たとえば、イタチ亜科の最初の分岐は、アメリカ大陸に生息するアメリカミンク *Neovison vison* とその他のイタチ類との間で起きているが、ハダシイタチ *Mustela nudipes* やセスジイタチ *Mustela strigidorsa*、キバライタチ *Mustela kathiah*、そして、その他のイタチ亜科の系統との関係は、短い枝に支えられており、実はあまりはっきりとしていない（Sato *et al.*, 2012; 図3-9A）。同様に、クズリ亜科の場合も、アメリカ大陸に生息するフィッシャー *Pekania*（*Martes*）*pennanti* が最初に分岐するものの、東アジアから東南アジアに生息するキエリテン *Charronia*（*Martes*）*flavigula*、ユーラシア大陸からアメリカ大陸の北部に生息するクズリ *Gulo gulo*、そして、その他のテン類との間の関係性は明らかではない（Sato *et al.*, 2012; 図3-9B）。これらの亜科の初期の分岐はハードポリトミーと解釈できるのではないかと考えている。共通点は、どちらも最初の分岐はアメリカ大陸とユーラシア大陸の系統の間での分岐であるという点である。そのような視点で見てみると、ゾリラ亜科やカワウソ亜科における同時期の分岐も、アメリカ大陸とユーラシア大陸の系統の間での分岐である。つまり、ゾリラ亜科では、アメリカ大陸に生息するゾリラモドキ（*Lyncodon*）とグリソン（*Galicts*）がユーラシア大陸のその他のゾリラ類から分岐し（図 3-9C）、カワウソ亜科では、同じくアメリカ大陸に生息するカナダカワウソ属（*Lontra*）がユーラシア大陸のその他のカワウソ類から分岐したのが（図 3-9D）、イタチ亜科やクズリ亜科の初期の分岐と同じように後期中新世なのである。なにか共通の要因があったのではないかと疑ってしまいたくなる。また、ベーリング海峡が形成されたのは、後期中新世から鮮新世の狭間にあるので、海峡により陸が分断される以前に新大陸にたどり着いたと考えるとつじつまが合うのである（図 3-7）。さらに、イタチ科の餌となるような齧歯類においても、アカネズミ属（*Apodemus*）やハツカネズミ属（*Mus*）の主要な系統の関係性が解明されておらず、その分岐は後期中新世から鮮新世にかけて起きている（Sato, 2007）。上で述べたように、この時期は、乾燥化と寒冷化に向かった地球環境の変動期であった。そしてチベット高原が隆起し、その結果、季節風が強まった時代でもある（Molnar *et al.*, 1993; Dettman *et al.*, 2001）。地球規模では、600 万–800 万年前に、アジア、アフリカ、北米、南米で C4 植物が分布を拡大し、森林から草原への植生の変化があったことが報告されており、それにともない世界各地の動物相にも変化が生じたようだ（Cerling *et al.*, 1997）。こうした環境変動が新しい系統の速やかな分化を促進し、現在、わたしたちが DNA を使って推定できないほど少ない“関係性に関わる情報”しかゲノム上に残さなかったのかもしれないのである。

このように地球環境と生物の多様化の間には多くの関係性が示唆されているが、その根本的な原因はよくわかっていない。まずはゲノム規模での分析をおこなうことが今後の課題であるが、それでもなお残る不明な関係性はハードポリトミーと解釈してもいいだろう。地球の環境は地球の誕生から今日までドラマチックに変化を続けている。今後も変わり続ける地球環境とともに、わたしたちは生物多様性をどのように維持していくべきかを考えていかなければならない。「なぜ、進化生物学を学ぶのか？」。それは過去の地球の変動と生物の進化との関係を探ることで、わたしたちの行く末を大きな視野で想像するためである。

3.6 第3章のまとめ

1. 大進化は子ども心をくすぐる興味深いテーマであり、世界中の人たちが興味を持ってくれるテーマでもある。近年は、進化速度の速いミトコンドリアDNAの欠点を補うために、進化速度が遅く、多重置換の影響が少ない核DNAを用いることで、遠縁の生物間の関係性を探る研究がさかんである。
2. レッサーパンダは19世紀初頭に世界で初めて発見されたパンダである。その進化的類縁関係は21世紀になるまで謎であった。核DNAの分析によって、イタチ科とアライグマ科に近縁な独立の系統であることがわかった。この研究により、学生と一緒になって考え、悩み、そして嬉しさを共有しながら研究を進めることが最もよい教育であることを学んだ。
3. かつては遺伝学者と形態学者の間で分類をめぐる対立があった。しかし、冷静になって考えてみると、そのような対立は意味のないものであり、役割の異なる遺伝データと形態データをうまく活用しながら、進化を探るのがよい。若い人たちには批判を恐れずに新しいテクノロジーに挑戦してほしい。
4. 進化的に異なる系統の種が類似した形態や生態を持つことがある。これを収斂進化、あるいは平行進化と呼んでいる。イタチ科のアナグマ類は、異なる複数の系統において独立に穴を掘るための形態と生態を獲得した可能性がある。あるいは、イタチ科の祖先がアナグマ様であり、アナグマ以外の系統で、穴を掘らなくなったという解釈も可能である。進化というものは節約性だけにしたがって起きているわけではないことがわかる。
5. たくさんのDNAの情報を使っても、どうしても解決することのできない系統関係がある。そのような関係性は、地球環境変動とともに急速に多様化した結果として生じた関係性かもしれない。このような実際に急速に多様化が起こったことで、不明瞭な系統関係となり、多分岐であると解釈される場合、ハードポリトミーと表現する。

6. 地球環境の変動とともに、大きな視野で進化を学ぶ大進化の研究は、大きな視野で未来を想像するための知見を提供してくれる。「なぜ、進化生物学を学ぶのか？」それは、わたしたちの行く末を想像するためには、過去に学ぶしかないからである。

4 退化の痕跡

4.1 退化と遺伝子の死

おかしなものである。『進化学事典』(2012) の索引には退化という言葉がない。そして、皆さんのなかにはおそらく進化をエボリューション Evolution と答えることができても、退化の英語を答えることができる方は少ないのではないか？　わたしもこれまで英語の論文や本で退化という表現を使ったことがない。退化という言葉は感覚的にはよくわかる。進化の過程で使われなくなった体の一部が小さくなったり、なくなったりするような変化である。樹上生活から解放された霊長類であるヒトに尾がないのも退化で説明される。しかし、そうした失われた変化というのは同時に獲得した変化でもある。そうした変化の裏側には、それまで働いていた遺伝子が働かなくなったり、別の遺伝子が働くようになったり、次に働く遺伝子のオンオフが切り替わったりするような、遺伝的な基盤の変化がある。退化も、もとをたどれば、遺伝子頻度の変化によって生じた現象であるため、進化の定義（第 2 章）から外れるものではない。もしかして皆さんは、退化は進化の反対の意味を持つと考えているかもしれないが、決してそうではない。退化は進化の一部なのである。この章では、それまで機能していた形質が、使われなくなったことで起きた退化、そしてゲノムに残された退化の痕跡を探った研究を紹介したい。

退化の痕跡とはどのような形でゲノムに残されるのだろう？　ゲノム上で起こる突然変異については、第 1 章で紹介した。アミノ酸をコードするコドンが終止コドンに変わるナンセンス突然変異や、3 の倍数ではない個数のヌクレオチドが遺伝子の途中で挿入・欠失することで、翻訳の読み枠がずれるフレームシフト突然変異は、その遺伝子が重要な機能を持っているならば、個体の生存に関わる劇的な変化であった（図 1-8C）。そのため、もしこのような変異が卵や精子ができる過程で生じた場合には、その後、受精したとしても発生過程はうまく進まない可能性が高い。なぜならば、その遺伝子がコードするタンパク質は発現しないか、もしくは発現しても正常な機能を発揮できそうにないからである。その結果、そのような突然変異を持つ生物は誕生しないか、誕生したとしても生存・繁殖上のデメリットを抱えるため、現在の生物からそういった劇的な突然変異は見つかりにくいはずである。しかし、さまざまな動物のゲノムを見てみると、ナンセンス突然変異もフレームシフト突然変異も見つかるのである。このことはいったいなにを意味しているだろうか？　それは、これらの突然変異が起きている遺伝子が機能していないということなのだ。勘違いがあるかもしれないので、最初に断っておこう。突然変異が起きたことが直接の原因となってその遺伝子の機能がなくなったのではない。その遺伝子の必要性がなくなり、機能が失われたからこそ、そうした突然変異が受け入れられたのである。個体の生存には全く影響を与えないような不必要な遺伝子の状態が先につくられたことで、ナンセンス突然変異やフレームシフト突然変異のような劇的な突然変異が残りえたということになる。つまり、機能していない遺伝子、もっとわかりやすくいうと、“死んでしまった”遺伝子のうえでは、さまざまな突然変異が受け入れられるのだ。逆に考えると、そのような突然変異をもしゲノム内の遺伝子のなかから検出することができれば、その遺伝子が機能していない、そして必要とされていないと考えることができる。このように、機能しなくなった、あるいは死んでしまった遺伝子のことを、第1章で説明したように、“いつわりの遺伝子”と書いて“偽遺伝子（ぎいでんし）”と呼ぶ。

4.2 味覚の意義

皆さんにとって味を感じるということにはどのような意味があるだろうか？たくさん勉強した後にチョコレートを食べると、多くの場合「しあわせ」と感じる。なにかお祝いごとがあるときに、「おいしいものを食べにいこう」と思うこともあるのではないか？　わたしたちは、舌で感じる味覚を通して、食事そのものや人生を楽しんでいる。さて、野生動物たちも食事を通して一生を楽しんでいるのだろうか？　見方によってはそう見えなくもない。わたしたちヒトを含む動物は不幸なことに自分で栄養分となる有機物をつくりだすことができないので、必ず他の生物を食べて栄養分を取り入れなければならない。単細胞生物のように周囲から栄養分を吸収できれば楽かもしれないが、わたしたちは多細胞生物であるために、それぞれの細胞には役割分担があり、どうやらすべての細胞が、わたしたちを維持するための栄養分を吸収するということにはならなかったようだ。体の“なか”を見てみよう。栄養分を吸収するのは主に小腸であり、実はここも体の外側である。“内なる外”から、体を維持する栄養分を取り込んでいるのである。“内なる外”といえども、わたしたちにとってはかなり内側にある。もし、体に取り込んではいけない毒や腐敗物などが体の奥深くまで入ってしまったとき、わたしたちが生きていくうえではリスクが大きい。したがって、他の生物を食べものとして取り込む入口にはさまざまな感覚機能が備え付けられている。いわゆる視覚、嗅覚、味覚、聴覚、触覚の五感である。とりわけ、味覚は「目で見てよし」、「においも悪くない」、「よし口のなかに入れよう」と決断し、食べものを口のなかに入れた後に、最初に感じる感覚である。大変重要な“選別の場”であり、本当に体のなかに入れてよいのかどうかを判断するための大切な感覚なのである。

ヒトとは少し違って、野生動物にとっては、味覚は必要な栄養分を体のなかに取り込み、取り込んではいけない毒や腐敗物を吐き出すために味を検出するといった、生きるか死ぬかに関わる重要な感覚といえる。味覚には5つある。旨味、甘味、苦味、酸味、塩味である。旨味はアミノ酸（昆布の旨味など）や、イノシン酸（鰹節の旨味など）やグアニル酸（キノコの旨味など）のような核酸の検出に関わる。アミノ酸のなかでは、ヒトの場合、グルタミン酸やアスパラギン酸のみが旨味成分であるが、マウスの場合はほとんどのアミノ酸が旨いと感じられるらしい。100年ほど前までは世の中に旨味という概念が存在しなかったのだが、1907年に東京帝国大学の池田菊苗教授がこの味覚を発見したのだ。旨いと感じられるということは、脳が喜んでいるということである。皆さんもそうであろう。なぜ、アミノ酸を検出すると脳が喜ぶのだろうか？　それは旨味の味覚が、その食物のなかにアミノ酸から構成されるタンパク質が存在することを教えてくれるからである。「それは体をつくる大切な物質を含んでいるから取り入れてもいいよ」と教えてくれているのだ。甘味も同じだ。甘いということは糖分などの炭水化物がその食物のなかに存在することを教えてくれている。野生動物が生きる世界では、甘味物質を得ることは簡単ではないために、このような甘味を検出する機能が生きるうえで重要であったのだろう。

お店で簡単にチョコレートを手にすることのできるヒトにとっては、ちょっと注意が必要で、たとえ甘味の機能が「それは体をつくる大切な物質を含んでいるから取り入れてもいいよ」と脳を喜ばせることで教えてくれたとしても、現代社会を生きるわたしたちにとっては、必要以上に取り入れない特別な工夫が必要だ。そして、苦味は毒物を、酸味は腐敗物の存在を教えてくれる味覚であるといわれている。これらの味覚は、「それは体に取り入れてはいけないものなので、吐き出したほうがいいよ」と教えてくれる。苦いコーヒーを飲んだり、酸っぱい梅干しを食べたりするヒトは、やはり動物のなかでは変わった存在である。最後に、塩味は体内の塩分濃度の調節に必要であるといわれている。塩分は動物にとって必要なものである。塩（Salt）と給料（Salary）の語源が同じことからもその重要性がうかがえる。塩も野外で得ることはなかなかむずかしいものであり、野生動物が塩のありかである塩場を訪れることは有名である。ヒトの場合は食卓に必ず塩が置かれているように、塩分の取りすぎが、健康上の問題となる。たとえ体が塩分を求めていたとしても、自制しなければならない。社会と身体とのバランスを保つのはわたしたち自身しかいない。わたしたちの身体がどのような性質を持つのかを知るうえで進化生物学は有益な学問なのだ。以上、味覚には、栄養として必要なものを体に取り込み、有害なものを取り込まないセンサーとしての役割があるということをぜひ覚えていただきたい。

味は舌で感じるというけれども、どのように脳まで情報が送られるのだろう

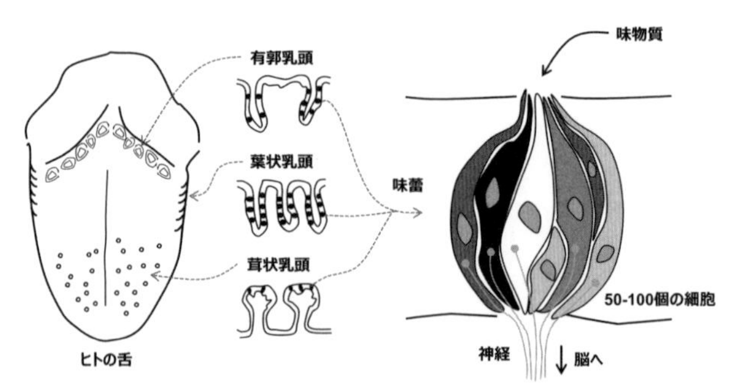

図 4-1　ヒトの舌の構造と３種類の舌乳頭を示す（有郭乳頭、葉状乳頭、茸状乳頭）。それぞれの舌乳頭のなかの黒く小さな楕円は味蕾を示す。味蕾には 50-100 個の細胞が含まれており、それぞれの細胞が異なる味覚を検出する。細胞の興奮が神経から脳まで伝わり、味覚が感じられる。

か？　そのメカニズムをもう少し詳しく説明したい。舌の表面には舌乳頭という突起が存在する。舌乳頭には舌の場所によって異なる4種類が存在するが（糸状乳頭、茸状乳頭、有郭乳頭、葉状乳頭）、糸状乳頭を除く3つの舌乳頭の表面には50–100個の細胞から成り立っている味蕾と呼ばれる組織が存在する（図4-1）。その味蕾のなかの細胞の膜には味覚受容体タンパク質が存在し、そこで味物質を受け取る。よく舌の場所により感じる味覚が異なるといわれるが、そうではない。それぞれの味蕾には、異なる味覚物質を検出するすべての種類の細胞が存在するため、たとえば、旨味物質が味蕾に到達した場合には、その味蕾のなかの旨味受容体を持つ細胞だけが興奮し、それ以外の味覚受容体を持つ細胞は興奮しない（図4-1）。つまり、1つの味蕾で5つの味覚を検出する能力がある。旨味、甘味、苦味の味物質をキャッチする味覚受容体は、7回膜貫通型のGタンパク質共役受容体と呼ばれており、細胞膜を7回貫通するタンパク質から構成される。この受容体が味物質をキャッチしてから細胞が応答するまでの情報伝達の流れ（シグナル伝達経路）は決まっている（図4-2）。受容体が味物質をキャッチすると、細胞内ではGタンパク質が活性化され、そのうちGTPが結合したαサブユニットがホスホリパーゼC（PLCβ2）を活性化する。その後、この酵素は細胞膜のリン脂質であるホスファチジルイノシトール二リン酸（PIP_2）を加水分解し、イノシトール三リン酸（IP_3）をつくり

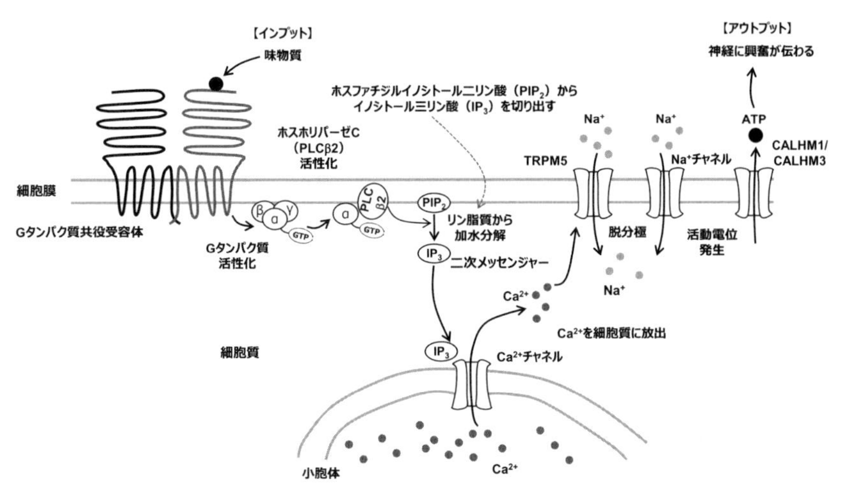

図4-2　Gタンパク質共役受容体である味覚受容体が味物質を受け取ってから（インプット）、細胞が興奮するまで（アウトプット）の分子メカニズムを示す。

だす。すると、IP_3が小胞体に働きかけ、小胞体からカルシウムイオンチャネルを介して、カルシウムイオンが放出される。その影響で、カルシウムイオンへの感受性の高いイオンチャネルであるTRPM5が細胞外からナトリウムイオンを細胞内に流入させ、ナトリウムチャネルの連動した働きもあることで、細胞内外の電位差が逆転する脱分極が起こる。その生じた活動電位が影響して、ATP透過性のイオンチャネルであるCALHM1/CALHM3複合体から神経伝達物質としてATPが放出される。その情報が神経を伝わり、脳まで届くのだ。その結果、味を感じることになる。

味物質をキャッチする受容体タンパクをコードするのが味覚受容体遺伝子である。近年、分子生物学の研究が進んだことで、5つの味覚に関わる受容体遺伝子の塩基配列が決定され、どのような受容体が味物質の検出に働くのかが明らかとなった（Yarmolinsky *et al.*, 2009）。たとえば、旨味と甘味の受容体は3つの遺伝子（*Tas1r1*、*Tas1r2*、*Tas1r3*）がコードするタンパク質（それぞれ、T1R1、T1R2、T1R3）が二量体を形成することで機能する。旨味受容体は

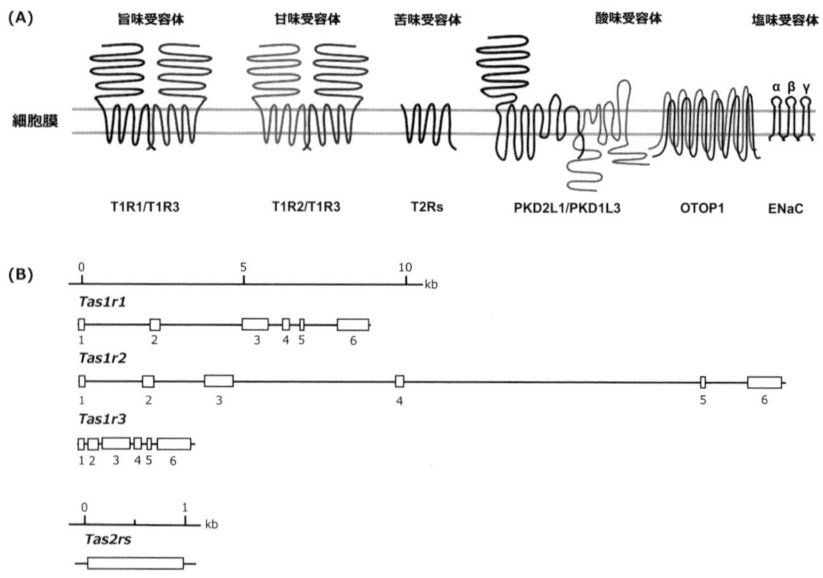

図4-3　(A) 5種の味覚に関する味覚受容体の構造を示す。同じ細胞膜上で表現しているが、実際には発現する細胞はそれぞれの味覚で異なる（図4-1参照）。(B) 旨味、甘味、苦味受容体遺伝子の構造を示す。白いボックスはエクソン領域で、その下の数値はエクソンの番号である。長さのイメージを持ってもらうためにkb（1000塩基）単位で尺度を示す。

T1R1＋T1R3 の二量体、甘味受容体は T1R2＋T1R3 の二量体である（図 4-3A）。それぞれの遺伝子は 6 つのエクソン領域で成り立っている（図 4-3B）。日本人はよく昆布と鰹節の旨味で料理のダシをとるが、それは、昆布の旨味のグルタミン酸と鰹節の旨味のイノシン酸が、T1R1 に結合することで引き起こされる旨味の増強効果を得るためである。この分子メカニズムを昔の日本人が知っていたわけではないが、経験的にその旨味の存在を肌で感じ、ダシ文化が築かれた。日本人は食に対してきめ細かいのだ。苦味の受容体の場合は、1 つのエクソンのみから構成される単純な構造の遺伝子ではあるが（図 4-3B）、遺伝子の数は動物によって異なることが知られている。ヒトでは 25 種類の苦味受容体遺伝子が知られており、それぞれが別の苦味物質に対応していると考えられている。多くの苦味受容体遺伝子を持つということは、昆虫や植物が持つ食べられることを避けるための被食防御物質など、多様な毒物（苦い物質）への進化的な対応なのであろう。その他、酸味と塩味についても、いくつか受容体が報告されているが、旨味、甘味、苦味受容体とは異なり、G タンパク質共役受容体ではなく、イオンチャネル型の受容体である（図 4-3A）。酸味については、PKD1L3/PKD2L1 受容体（Ishimaru *et al.*, 2006）や OTOP1 受容体（Tu *et al.*, 2018）が知られているが、進化の視点での研究はまだ進んでいない。塩味については、脊椎動物の祖先の段階で獲得した ENaC というナトリウムイオン選択性のイオンチャネル受容体が知られている（Wichmann and Althaus, 2020）。海から淡水へ、そして陸へという進化の過程においても、浸透圧の異なる環境にいかに適応するかという点で、この遺伝子の機能は重要であったものと考えられる。鯨類のほとんどの味覚受容体遺伝子は偽遺伝子化しているにもかかわらず、ENaC をコードする遺伝子は機能しているようである（Zhu *et al.*, 2014）。このことは海のなかでも体内の塩分濃度の調節は重要であることを物語っている。しかし、この遺伝子は腎臓や肺でも浸透圧調節のために働いているため、失われることは生きるうえで大きすぎる代償なのかもしれない。次節では、これらの味覚受容体遺伝子のなかで働かなくなった遺伝子を持つ動物たちを紹介しよう。

4.3 味覚の退化

皆さんはまだ大学に入学してから日が浅いかもしれない。研究者に対して、どのようなイメージを持っているだろうか？　最先端の機器を使って、実験をしているイメージだろうか？　そして得られた結果を学会などで発表しているイメージだろうか？　どれもまちがっていない。そうした目立ったカッコいい一面を持つ職業であるというのは本当だ。しかし、研究者は目に見えない部分で大変な努力をしている。そのひとつは、関連する過去の論文や本を読みあさることである。研究者は自身が研究の最前線に立たなければならない存在であるため、できるだけ多くの文献に触れなければならない。しかし、人生も限られているので、あとは時間と自分との勝負である。わたしが学生だったときに、ある教授に「論文は１日１本読むものだ」といわれた。当時2、3週間かけてようやく１つの論文を読んで人に説明できるくらいであったので、とてもじゃないけど、1日1本は無理だった。しかし、真実は1日1本でも足りないという愕然としたものである。だまっていても世界はどんどん新しいことを報告し続けている。日本も負けてはいられない。わたし自身、今も努力を続けているが、1年で365本の論文を読むことができたのは、この約20年の研究人生のなかで1年しかない（2007年以来、自己満足のために読んだ論文の数をカウントしている）。それは幸運にもオーストラリアに留学し、さまざまな雑務から解放された1年であった。わたしは昔のタイプの人間であるため、必要な論文を効率的に読むよりも、1年で365本を読む根性を優先する。そうした努力というのは今の若い人たちにはなかなか理解されないものであるが、ときに研究人生でうまく働くこともある。わたしは研究を始めてしばらくの間、第3章で説明したような分子系統学の研究に没頭していた。しかし、2010年に中国の研究グループが報告したジャイアントパンダのゲノムに関する論文に出会ったことで、味覚受容体遺伝子の進化の面白さに気がついた（Li *et al.*, 2010; Zhao *et al.*, 2010）。本章を書くことができるようになったのもそのおかげである。

その論文は、ジャイアントパンダの初めてのゲノムの報告であり、やや粗削りの感のあるゲノムのデータであったが、細かいところで面白い発見があった。それは、ジャイアントパンダの旨味受容体遺伝子のひとつ *Tas1r1* のDNA塩基配列上にフレームシフト突然変異が見つかったことである。このことはなにを意味するだろうか？　まずは、まともなT1R1受容体ができていないことは明白であった。つまり、旨味の検出ができないことを示唆するのである。もうひとつの旨味受容体遺伝子である*Tas1r3*は甘味受容体遺伝子でもあるため、この遺伝子が偽遺伝子化すると甘味の検出機能にも影響を与えることになるが、*Tas1r3*のDNA塩基配列上ではなにごとも起きていなかった。そして、もうひとつの甘味受容体遺伝子*Tas1r2*も無事であった。どうやら旨味の検出においてのみ問題があるらしいことがわかった。論文の著者たちは、パンダの主食である竹には旨味成分がほとんどないために、旨味を感じる必要性が減じられたことにより、*Tas1r1*の偽遺伝子化が起きたのではないかと議論した。旨味を感じなくたって生きていけるということだ。それでは第3章で紹介した、同じく竹を主食とするレッサーパンダの味覚受容体遺伝子はどのようになっているのだろうか？　予想どおり、*Tas1r1*は偽遺伝子化していることが後に報告されている（Hu *et al.*, 2017）。わたしは、味覚受容体遺伝子の退化と餌との間に関連があることに興味を持つようになり、食性の多様な食肉目哺乳類の味覚受容体遺伝子の分析をしてみたいと考え始めたのである。

動物の味覚受容体遺伝子の退化と餌との関連を調査した研究をいくつかピックアップしてみたい。まず、皆さんの身近にもいるネコについて紹介しよう。ネコが甘味を感じることができないのは有名な話である。そのため、キャットフードにおける糖質も抑えられている。ネコの味覚受容体とその遺伝子の働き方については研究事例があり、イエネコと、同じネコ科のトラとチーターを対象に、甘味受容体遺伝子*Tas1r2*のDNA塩基配列が決定され、比較解析された（Li *et al.*, 2005）。その結果、3種のネコ科動物の*Tas1r2*において、イヌ、ヒト、マウス、ラットでは見られないフレームシフト突然変異とナンセンス突然変異が見つかった。そして、イエネコでは、*Tas1r2*が発現したことを示すメッセンジャーRNAやタンパク質を味蕾の細胞で確認することができず、*Tas1r2*が働いていないことが明らかとなった。つまり、このことが、ネコが甘味を感じることができない直接的な理由であると考えられた。なぜ、甘味を感じなくなったのかはよくわかっていないが、いくつか考えられることがある。ネコ科の動物は純肉食性である。もちろん肉を食べることによっても付随的に炭水化物を取り込むことができる。このことから、わざわざ糖分などの炭水化物を検出する必要がなくなったのかもしれないというのがひとつの考えだ。その一方で、ネコでは、各種の糖分を分解する酵素の活性が少ないなど食物中の炭水化物を体のなかで代謝させることが苦手である。また、糖新生という代謝により、食物のなかの糖分を取り込むのではなく、アミノ酸などからブドウ糖をつくりだす仕組みが発達していることが示唆されている（Verbrugghe *et al.*, 2012）。そのため、別の代謝経路で糖分を獲得することができたがために、糖分を口のなかで検出するための感覚が失われたのかもしれない。このように、ネコの進化の過程のある時点で甘味を検出する必要がなくなったがために、*Tas1r2*は偽遺伝子化したのであろう。

コウモリは多様な食性を示すことで知られているが、ある決まった餌だけを食べる種も存在する。そのひとつが吸血コウモリである。吸血コウモリの味覚受容体遺伝子を調べた研究では、旨味、甘味、そして多くの苦味の遺伝子が偽遺伝子化していたり、PCRで増幅されなかったり（ゲノムに存在しないことを示唆）することがわかった（Zhao *et al.*, 2012; Hong and Zhao, 2014）。ここで再び考えたいのは、味覚の意義である。味覚とは、口に入れた食物のなかに栄養や毒となる物質が含まれているかどうかを選別するための感覚である。吸血コウモリは血液だけを吸っておけば栄養的には満たされるため、食物の選択の必要性そのものがなくなっているのではないかと考えられる。毛細血管のありかを探る赤外線センサーなど味覚以外の感覚が発達しているため、血液のありかさえ把握できれば、生きていけるのである。このことが吸血コウモリの多くの味覚の遺伝子が偽遺伝子化した原因であろうと思われる。

ところで、それぞれの味覚受容体はどのような分子と分子の間の接触を介して、旨味や甘味の物質を識別しているのだろうか？　なぜ、T1R1＋T1R3が旨味物質だけと、そしてT1R2＋T1R3が甘味物質だけと反応するのだろうか？　鳥類のゲノムには、T1R2をコードする*Tas1r2*がないことが知られている。すべての鳥類が*Tas1r2*を持たないことから、おおもとの祖先がこの遺伝子を失ったものと考えられている。爬虫類のなかで鳥類と近縁なワニには*Tas1r2*が残されていることから、鳥類で*Tas1r2*が失われている理由は祖先である恐竜の生き方にあるというのがおおかたの理解だ（Baldwin *et al.*, 2014）。とにかく、鳥類は甘味を感じそうにないというのがゲノムからいえる特徴であった。しかしながら、鳥類のなかには花の蜜や果実のような甘い食物を食べる種がたくさん存在しているではないか。植物たちは自分たちの繁殖戦略のためにわざわざ甘い物質をつくって、鳥をおびき寄せているようにも見えるし、鳥たちが甘味を感じないというのは信じられない。もし甘味を感じているのだとしたら、それらの鳥は、どのように甘味物質を検出しているのだろうか？　詳しい分子生物学的な実験により、鳥類では使うことのできないT1R2の代わりに、T1R1を使って甘味物質の検出をおこなっていることが明らかとなった（Baldwin *et al.*, 2014; Toda *et al.*, 2021）。つまり、T1R1＋T1R3は旨味物質ではなく、甘味物質をキャッチするようになったのである。分子間の相互作用は不思議なものである。このように進化の過程で、味覚受容体遺伝子は柔軟にその役割を変えてきたようだ。同じ鳥類でいうと、ペンギンでは甘味に加えて、旨味も苦味も失われている（Zhao *et al.*, 2015）。その理由については、次節以降で説明する海生哺乳類が味覚を失った理由と同じものと思われる。進化の過程で海に進出することと味覚の喪失は関係しているようだ。

4.4 発見

研究を続けていると、ときどき思いがけない結果に出会うことがある。アザラシやアシカの味覚に関わる遺伝子の分子進化に関する研究では、「はっ」とすることが二度あった。一度目は、旨味受容体遺伝子 *Tas1r1* が偽遺伝子になっていることを発見したときのこと、そして二度目は、その偽遺伝子化はアザラシの系統とアシカ・セイウチの系統で独立に生じていたことを発見したときのことであった。後者が意味するところは次節に譲り、ここではこれらの海生哺乳類の味覚遺伝子の退化を発見したときのことについて紹介したい。

アザラシ、アシカ、セイウチは、鰭脚（ひれあし）を持つたぐいの動物という意味で鰭脚類（ききゃくるい）と呼ばれている。この名前は、もともと食肉目の哺乳類が裂脚亜目 Fissipedia と鰭脚亜目 Pinnipedia という四肢の特徴にもとづいて分類されていたころにつけられた名残である。現在、食肉目はネコ亜目 Feliformia とイヌ亜目 Caniformia に分けられ、鰭脚類はイヌ亜目のなかにすっぽりと含まれている（図3-2）。ともあれ、鰭脚類は、哺乳類の進化の過程で、陸から海へと生活の場を移したグループのひとつである。海のなかで食べものを食べる鰭脚類の味覚は他の陸上の食肉類と違うのだろうか？　実は、この研究を始めた最初の着眼点はそこにはなかった。2010年のジャイアントパンダのゲノムの研究に触発され、肉食、雑食、そしてパンダのような草食まで多様な食性を示す食肉目哺乳類について、味覚の遺伝子がどのように進化してきたのかということを明らかにするために、研究を始めたのだった。

その発見はすぐに訪れた。研究というのは時間をかけてしっかりとおこなってもうまく成果が出ないこともあれば、本当に簡単な実験だけで成果が出ることもある。それが面白いところでもあり、また悔しいところでもある。そうした一喜一憂をまとめて楽しむことのできる能力が研究者には必要である。さて、わたしは旨味の検出に関わるT1R1をコードする*Tas1r1*遺伝子の6つのエクソン領域のなかから3番目のエクソン領域の前半領域をターゲットとしてPCR（第5章）をおこなった。2010年に食肉目の哺乳類を対象とした*Tas1r1*の分析がおこなわれており（Zhao *et al.*, 2010）、DNAデータベースには*Tas1r1*のDNA塩基配列データが登録されていたため、それらをダウンロードして、参考にしながらいくつかプライマーをデザインした。そして、実験ノートによると2011年12月14日にそれらの新しくデザインしたプライマーを手にしている。その後、わたしたちが持っているオコジョ、アライグマ、レッサーパンダ、シマスカンクのDNAを対象にPCRをおこなった。するとデザ

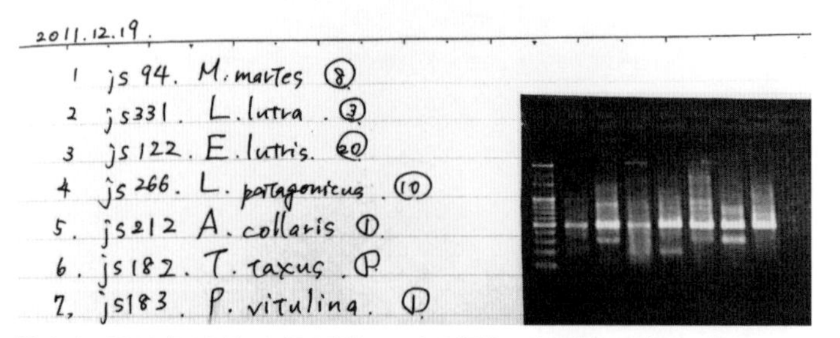

図4-4　2011年12月19日の実験ノートの記録。ゼニガタアザラシ（*Phoca vitulina*）ほか、食肉類の*Tas1r1*遺伝子第3エクソン領域の一部をPCR増幅したときの電気泳動写真。左側のレーンは100 bpのDNAラダーで、続いて右に向かって1番から7番のサンプルが泳動されている。最も右側がゼニガタアザラシのサンプルのレーンである。このPCR産物のDNA塩基配列を決定することで、ゼニガタアザラシの*Tas1r1*遺伝子の偽遺伝子化を発見した。jsから始まる番号は、筆者が管理するDNAリストの番号である。学名の後ろの丸印の数字はDNAの希釈倍率を示している。濃いDNA濃度だとPCRが成功しないことがあるため、濃いDNA溶液はPCR前に希釈している。

インしたプライマーのなかの1つのプライマーの組み合せでPCR増幅の確認ができたため、このプライマーセットを使って、他の食肉目哺乳類のPCRを進めていったのだ。その実験の2回目である2011年12月19日のPCRにおいて、鰭脚類のゼニガタアザラシでPCR増幅が確認されたため（図4-4）、サンガー法（第5章）により、そのDNA塩基配列を決定した。DNA塩基配列を比較した結果、ゼニガタアザラシの配列は、鰭脚類以外の陸上の食肉類と比較して、4塩基長いことがわかった（図4-5）。3の倍数ではない塩基数であるので、フレームシフト突然変異が起きていることがわかったのだ。つまり、ゼニガタアザラシの旨味受容体遺伝子 *Tas1r1* は機能していないのではないかということを示唆する結果を得たのだ。

この結果をとても面白いと感じ、急いでほかの鰭脚類についても同じ遺伝子領域の塩基配列を決定したところ、結局、ゴマフアザラシ *Phoca largha*、ゼニガタアザラシ *Phoca vitulina*、カスピカイアザラシ *Pusa caspica*、キタゾウアザラシ *Mirounga angustirostris*、オーストラリアアシカ *Neophoca cinerea*、オタリア *Otaria byronia* の解析した6種すべての鰭脚類において *Tas1r1* 遺伝子が偽遺伝子化していることがわかった（図4-5）。研究を始めて1ヵ月、鰭脚類の *Tas1r1* 遺伝子の偽遺伝子化を報告するために、急いで論文を書いて、そして急いで投稿した。短い論文ではあったが、結果が出てからここまで早く論文投稿まで進めることができたのは後にも先にもこの論文しかない。わたしたちは、いくつかの雑誌から論文の掲載を認めることができないという「リジェクト（却下）」の判定をもらった。その過程で、ひとつショッキングなできごとに遭遇した。それはすでに同じような結果が得られた論文を受理しているというある雑誌からの連絡であった。「あぁ……」と思った。残念だけれども仕方がない。それでも得られた結果が面白いことには変わりはない。論文を報告できないことほど意味のない研究活動はない。そのように思い、論文の投稿を続けたところ、ドイツの雑誌に掲載していただけることになった（Sato and Wolsan, 2012）。その一歩早かった論文では、食肉目哺乳類について、主に「甘味」受容体遺伝子の偽遺伝子化を報告するなかで、カリフォルニアアシカの「旨味」受容体遺伝子の偽遺伝子化も同時に報告していたため（Jiang *et al*., 2012）、わたしたちは6種類の鰭脚類の偽遺伝子化を報告できていたとはいえ、わたしたちの論文の新規性は著しく減じられることとなったのである。研究の

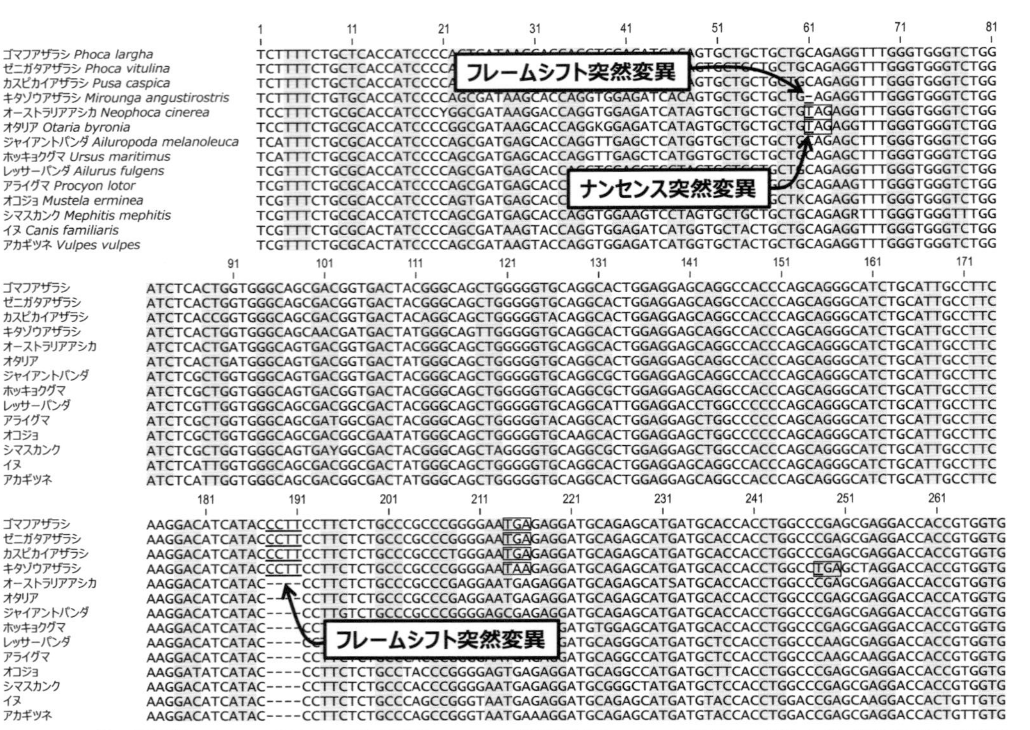

図 4-5　6 種の鰭脚類を含む 14 種の食肉目哺乳類の *Tas1r1* 遺伝子第 3 エクソン領域の一部の DNA 塩基配列を 3 段に分けて示す（Sato and Wolsan, 2012）。鰭脚類は少なくとも 1 つの偽遺伝子化を引き起こす突然変異（ナンセンス突然変異やフレームシフト突然変異）を持つことがわかる。

世界とはそういう世界である。いち早く気づき、そしてそれをいち早く報告できたものが勝者となる。報告しないものは研究の土俵にすら上がっていないことになる。そこにはなんの言い訳も通用しない。だからこそ、研究者というのはやりがいのある仕事なのだ。

ところで、皆さんがもし実験をするときには、必ず実験ノートを取ることになる。これはとても大切な実験結果の証拠となるのだ。しかし、実験機器が出してくるデータをただ貼り付けるだけでは、後で見返したときに、どのようなことだったのか忘れてしまうことがほとんどである（わたしの頭のスペースはきわめて限られている）。そのため、サンプルの詳細や実験の条件などこと細かに書いておくほうが自分のためになる。ふと昔のデータの詳細が知りたくなったので実験ノートを見るということは頻繁にあることではないが、全くないわけではない。そして、見返したいと思ったときには、まずまちがいなく、記録したときのことを忘れているはずだ。また、他の研究者から実験結果の疑義が唱えられた際には、反論のための証拠にもなるのだ。したがって、実験ノートはとても大切な資料である。もし、皆さんが学生を教える立場になったときには、その学生が卒業するときに、実験ノートを研究室に置いていってもらおう。わたしも教え子たちのノートを約20年間管理している。最初のころは、卒業時に実験ノートを回収することを伝えていなかったこともあったので、日記のようで、絵心満載で、自分自身を奮い立たせるような言葉であふれている、そんな実験ノートを提出してくれた学生もおり、今、見返すと結構面白い。また、指導の途中で、実験ノートを他の人が見てもわかるかどうか、実験ノートの書き方を指導することも忘れてはいけない。とにかく皆さん、わかりやすい実験ノートを残そう（自戒を込めて）。

さて、話を戻そう。この2012年にわたしたちとライバルたちが報告した結果は、鰭脚類は旨味と甘味を感じていないのではないかということを示唆していた。さまざまな理由が考えられたが、鰭脚類が海での生活において、餌を噛まずに飲み込む習性を持つことで、舌で味を感じる必要性がなくなったことが大きな原因ではないかと考えられた。つまり、味を感じる必要がないために、味を感じる遺伝子上にナンセンス突然変異やフレームシフト突然変異のような劇的な突然変異が生じたとしても難なく生きていけたという解釈である。このことは、鰭脚類の歯や舌の構造ともよく一致している。鰭脚類の歯は小さくて

図 4-6　宮島水族館の協力の下で撮影したゴマフアザラシとカリフォルニアアシカの口腔内の写真（2020 年 1 月 20 日 筆者撮影、宮島水族館協力）。歯が発達していないことがわかる。

単純であり、小臼歯と大臼歯が同じ形をしている（図 4-6）。また、舌の上の舌乳頭も減少あるいは単純化している。古くは 19 世紀の博物学者であるリチャード・オーウェンも「鰭脚類の頬歯は、裂脚類より小型化・単純化し、同形歯化している」と述べているようだ（和田・伊藤, 1999）。海で食べるということの影響が口腔内のさまざまな機能に影響を与えたようである。そして、重要なことに、味覚の喪失は海への進出と強く関係するようであった。

4. 5 味覚喪失の意味

それでは、「はっ」としたことの 2 つめの話をしよう。アザラシ、アシカ、セイウチは似ている動物だが、よく見てみると異なる点がいくつかある。アシカには耳たぶ（耳介）がついているが、アザラシやセイウチにはない。アシカやセイウチは後ろ脚を前方に折り曲げて歩くことができるが、アザラシはそれができずに芋虫のように地面をはう。水中での泳ぎ方も、前脚を上手に使って泳ぐアシカと、後ろ脚を使ってまるで魚のように泳ぐアザラシ、その中間的な泳ぎ方をするセイウチといった特徴がある。そうした形態や行動を見るにつれて、3 者の進化的な関係性を読み解くのはむずかしいと感じてしまう。1976 年には、頭骨の形の違いから、「アザラシはイタチに近く、アシカはクマに近い」とする報告も出てきたほどである（Tedford, 1976）。つまり、アザラシとアシカは独立に海での生活に移行していったのではないかと考えられていたことがあったのだ。化石の記録を見ても、アシカは北太平洋に、アザラシは大西洋から現在の地中海にわたる地域に起源があったという報告もあり、独立に海洋に進出したという仮説を支持するものであった（McLaren, 1969）。これをここでは「独立海洋進出仮説」と呼ぼう。しかし、2005年から2006年に、米国の研究者とわたしたちは、主に核の遺伝子にもとづく食肉目哺乳類の分子系統学的研究を独立に進めるなかで、アザラシ、アシカ、セイウチは1つのグループを形成し、そのグループはクマ科ではなく、イタチ科、アライグマ科、レッサーパンダ科、スカンク科を含むイタチ上科に近いということを明らかにした（図3-2；Flynn *et al.*, 2005; Sato *et al.*, 2006）。このことはなにを意味するのだろうか？　少なくともアザラシ、アシカ、セイウチは単一の祖先から進化してきた哺乳類であることがわかる。思い出そう。進化を考える際には余計なプロセスは考えない。この結果は、鰭脚類の祖先が1回だけ海に進出した後に、3つの系統に分かれていったことを示唆している（「単一海洋進出仮説」と呼ぼう）。つまり、この時点では、「独立海洋進出仮説」（Tedford, 1976）は否定されたかのように見えた。しかし、自然界の不思議はそう単純なものではなかったのだ。

わたしたちの研究では、アザラシ、アシカ、セイウチの16種について、サンガー法（第5章）および国際DNAデータベースにもとづいて、旨味と甘味に関する味覚遺伝子である*Tas1r1*、*Tas1r2*、*Tas1r3*の6つのエクソン領域すべてのDNA塩基配列を獲得することに成功した（Wolsan and Sato, 2020）。前節の過去の研究から予想されたとおり、すべての鰭脚類の*Tas1r1*、*Tas1r2*、*Tas1r3*において、ナンセンス突然変異か、あるいはフレームシフト突然変異という遺伝子の機能を失わせるような突然変異が起きていた。それらの突然変異のパターンを16種の間で比較してみると、まず、アザラシのグループに共通の突然変異が見つかった。そして、アシカとセイウチのグループに共通の突然変異も見つかった。具体的には、アザラシ科に共通の突然変異が*Tas1r1*に2個、*Tas1r2*に1個、*Tas1r3*に3個、アシカ上科（アシカ科とセイウチ科）に共通の突然変異が*Tas1r1*に1個、*Tas1r2*に4個、*Tas1r3*に1個見つかった（図4-7）。しかし、興味深いことにすべての鰭脚類に共通の突然変異は見つからなかった。

少し想像力を高めて、鰭脚類の祖先のことを考えてみよう。まだアザラシも、アシカも、セイウチもいない時代、仮に、それらの鰭脚類の祖先が一度だけ海

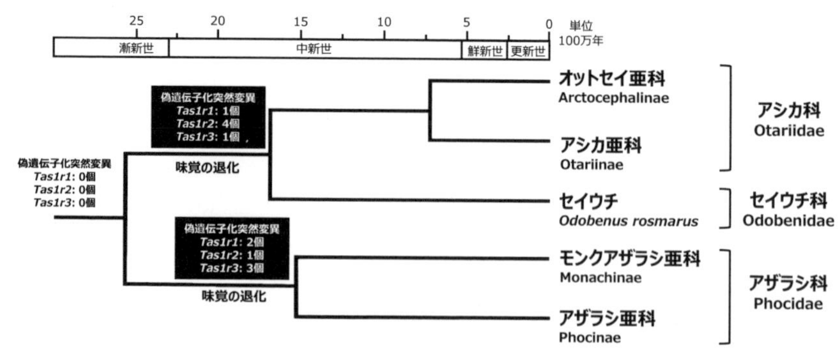

図 4-7　鰭脚類の旨味および甘味受容体遺伝子である *Tas1r1*、*Tas1r2*、*Tas1r3* に見られた偽遺伝子化突然変異（ナンセンス突然変異とフレームシフト突然変異）が系統樹上のどの枝で生じたのかを示す（佐藤，2022）。上のバーは時間軸であり、100 万年単位の年代と地質年代の名称を示す。

に進出し、その後でアザラシ、アシカ、セイウチに進化していったとしよう。前節では、海に進出することで、餌を噛まずに飲み込んでしまうことにより、味覚に関わる遺伝子がつくる味覚受容体が味蕾における細胞の表面で味物質をキャッチする必要がなくなる。そのため、必要のなくなった味覚に関わる遺伝子上では、ナンセンス突然変異やフレームシフト突然変異が起きていくことになる。もし、その海に進出した鰭脚類の祖先において、味覚受容体遺伝子の機能を失わせる突然変異が起きていたとするならば、その後にその祖先から進化したアザラシも、アシカも、セイウチもその突然変異を共通して持っているはずである。しかし、それが見つからないのだ。その代わり、アザラシに共通の突然変異とアシカ・セイウチに共通の突然変異が見つかった。ということは、アザラシはアザラシで海に進出し、アシカ・セイウチはアシカ・セイウチで海に進出したのではないか？　という結論が導き出せることになる。これを新独立海洋進出仮説と呼ぼう（図 4-8）。

カナダ北部北極圏の中新世の地層から鰭脚類に近縁な陸生の哺乳類が化石として発見されている（*Puijila darwini*; Rybczynski *et al.*, 2009）。この地域において陸上生活をする鰭脚類の祖先が少なくとも 2 種以上存在し、それぞれ大西洋（アザラシ）と太平洋（アシカ・セイウチ）に進出したのではないかとわたしは考えている。アザラシとアシカ・セイウチの祖先が独立に海への進出を果たしたというわたしたちが得た知見は、鰭脚類は一度だけ海に進出したのだというそれまでの進化の考え方を覆したことになる。

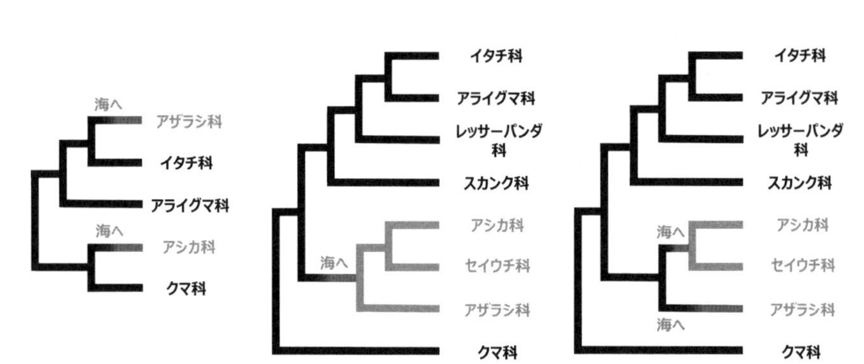

図4-8　(A) 鰭脚類の頭骨の形態データから類推される独立海洋進出仮説。(B) 主に核遺伝子を用いた分子系統解析で得られた鰭脚類の単系統性と、そこから類推される単一海洋進出仮説。(C) 味覚受容体遺伝子において生じた偽遺伝子化を引き起こす突然変異の共有パターンから類推される新独立海洋進出仮説。

進化というのは本当に柔軟な現象である。進化の過程でさまざまな取捨選択プロセスが進行する。「なぜ、進化生物学を学ぶのか？」。それは、生物が置かれた環境のなかで起こる柔軟な変化を学ぶことにより、どのような特徴がなぜ必要なのか、あるいは、なぜ必要ではないのかという生物の本質の理解ができるからである。

4.6 第4章のまとめ

1. ゲノムには退化の痕跡がある。タンパク質をコードする遺伝子上にナンセンス突然変異やフレームシフト突然変異が見つかる場合、この遺伝子は正常の機能を果たしていないものと思われる。遺伝子としては“死んでいる”とみなされ、偽遺伝子と呼ばれる。
2. 味覚は体にとって栄養分として重要なものを取り込み、毒や腐敗物を排除する選別のための重要な感覚である。味覚には、旨味、甘味、苦味、塩味、酸味の基本5味が知られている。それぞれの味覚を担う受容体と、それをコードする遺伝子が判明しており、味覚受容体遺伝子の機能や進化の研究が進展してきた。
3. 動物のなかには、いくつかの味覚受容体遺伝子が偽遺伝子化していることが知られている。ジャイアントパンダの旨味受容体遺伝子、ネコの甘味受容体遺伝子、吸血コウモリの旨味、甘味、苦味受容体遺伝子は偽遺伝子化している。これらの偽遺伝子化の理由は、それぞれの動物の生態に合わせて、それぞれの味覚が不必要になったことを示唆する。

4. アザラシ、アシカ、セイウチを含む鰭脚類の旨味受容体遺伝子が偽遺伝子化していることを発見した。甘味受容体遺伝子も偽遺伝子化していることを考えると、鰭脚類の味覚は退化しているようだ。おそらくは海での生活のなかで、餌を飲み込み、舌で味を感じる必要性が低下したことが、偽遺伝子化を引き起こしたと思われる。これと一致して、鰭脚類の舌や歯は退化傾向にある。
5. アザラシ、アシカ、セイウチの旨味および甘味受容体遺伝子上には、ナンセンス突然変異やフレームシフト突然変異が見られる。それらの突然変異の分布を調べてみると、アザラシに共通の突然変異と、アシカ・セイウチに共通の突然変異が存在することがわかった。その一方で、鰭脚類全体で共有される突然変異は存在しなかった。このことは、アザラシとアシカ・セイウチは、異なる系統で独立に海への進出を果たしたことを示唆する。
6. 「いきあたりばったり」というかなんというか、進化の柔軟性には驚かされるばかりである。「なぜ、進化生物学を学ぶのか？」それは、そうした柔軟な進化や退化を学ぶことで、ある特徴がなぜ必要で、なぜ必要でないのかという生物の本質を学ぶことができるからである。

5 テクノロジーと進化

5.1 DNAの増幅

困難な状況を打破することをブレークスルーと呼ぶ。研究の世界のみならず、わたしたちの生活においてでさえも、ブレークスルーが引き起こされる背景には新しいテクノロジーの存在がある。テクノロジーの変化の速さはすさまじく、その変化とともに社会のあり方までもが変わり続けている。どうしても壁に出会うと、それを乗り越えようとする人たちの努力が働き、いつの間にかだれかが解決方法を編み出している。ヒトという存在とその可能性には驚かされるばかりである。新型コロナウイルス感染症（COVID-19）の蔓延により、研究交流が止まってしまうかもしれないという壁に直面したにもかかわらず、遠隔配信の技術が採用され、今や学会に自分の部屋から参加できる時代になった。国際会議も同様である。テクノロジーを信じすぎる弊害については後で議論することとして、テクノロジーを常に意識して自身が直面する壁を乗り越えることはまちがいではないようだ。

どうやら、テクノロジーによるブレークスルーは、一般的には5000日ごとに起きているらしい（ケリー，2021）。5000日というと13年から14年くらいである。皆さんが研究を始めようと思い、その後、研究職に就き、退職まで研究を続けることができたならば、3回から4回はこのブレークスルーに出会うことになるだろう。進化生物学の分野でも同じである。これまでの章でも紹介してきたように、ゲノムを分析する技術がこの数十年で飛躍的に変化してきた。おそらくはバイオテクノロジーのブレークスルーはもっと速いスピードで進展しているかもしれない。本章で解説するサンガー法が発案されたのは1977年、その後、PCR（1983年）、自動DNAシークエンサー（1986年）、キャピラリー式DNAシークエンサー（1993年）、第2世代DNAシークエンサー（2005-2007年）、そして第3世代DNAシークエンサー（2015年）というテクノロジーの進展とともに、生物の進化について多くのことがわかるようになった（佐藤，2022）。本章では、その技術のなかからPCRとDNA塩基配列の決定方法について紹介したい。わたしが福山大学3年生を対象に実施している講義の一部をここで展開する。執筆に際して意識したことは、これらの技術に不慣れな読者の皆さん、特に研究室に配属前の学部の学生の皆さんに原理を理解していただくこと、そして、そうした初学者に教える立場の先生が使える図や説明文を用意することだ。少しむずかしく感じる読者もいるであろう。しかし、DNAの情報をどのように解読するのかを知りたい読者には熟読してほしい（特に学生の皆さん！）。逆に、「そんな技術は知っている」という方は読み飛ばしてもらってもかまわない。だけれども、わたしならば読む。なぜならば、わたしは「理解するということがどのようなことなのか、いまいちはっきりと理解できない」からだ（わたしは理解力が乏しい）。なにか少しでも新しい知識や見方を得ることができれば幸いである。

PCRとは、Polymerase Chain Reactionの略語で、日本語では、ポリメラーゼ連鎖反応という。簡単にいってしまうと、DNAを増やす方法である。ポリメラーゼというのは、単量体（モノマー）をつなぎ合わせて、高分子の重合体（ポリマー）をつくる酵素のことである。DNAポリメラーゼは、単量体のヌクレオチドをつなぎ合わせて、高分子のDNAをつくる。PCRが着想・開発されたのは、今から約40年前の1983年から1986年のことである。当時、米国のシータス社の研究員であったキャリー・マリスがDNAを人工的に増幅する方法を思いついたのだ。このことで、キャリー・マリスは1993年にノーベル賞を受賞することになった。この発明によって少量のDNAを数時間後には数千万倍、数億倍にも増幅できるようになったため、ほんの少ししか存在しない生物の痕跡や、目で見ることのできないバクテリアのような小さな生物までも検出できるようになった。また、ものすごい数のDNAのコピーをつくることができるため、DNA塩基配列を決定するのが容易になった。そのことについては次節で詳しく説明しよう。ではなぜ、キャリー・マリスはこのPCRという手法を思いつくことができたのであろうか？

そもそも生物は、細胞分裂をおこなう。わたしたちが持つ約37兆個もの細胞も、もとはというと卵と精子が受精したたった1つの細胞から分裂してきた結果である。高校時代に生物学を学んだ皆さんは細胞周期のなかでDNA合成

(A) 細胞周期　　**(B) 半保存的複製**

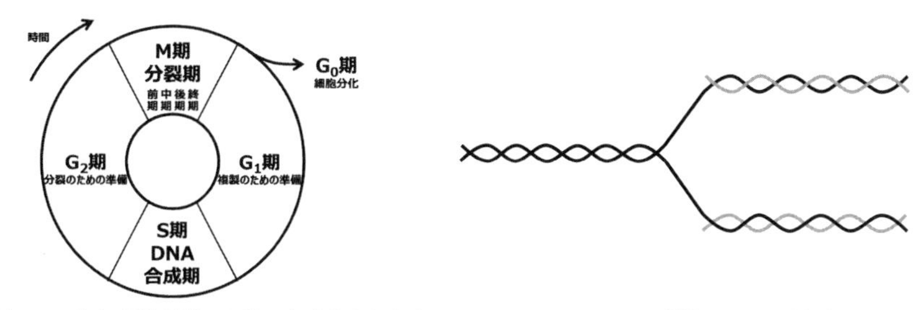

図 5-1　(A) 細胞周期。S 期は合成をあらわす Synthesis の S で、この時期に DNA が合成され、2 倍になる。(B) 半保存的複製。黒いらせんは親 DNA で、灰色のらせんが新しくつくられた娘 DNA である。半分だけが保存され、新しく半分が合成される。

期（S 期）という言葉を覚えたと思う（図 5-1A）。細胞分裂がおこなわれる前に、必ず DNA は 2 倍になって、分裂した細胞にそれぞれ均等に分配されなければならないのだ。その倍加の仕組みには、半保存的複製という名前がついている（図 5-1B）。つまり、DNA の 2 本鎖がほどけて、それぞれのほどけた 1 本鎖の情報を鋳型にして、新しい鎖を合成していくのだ。半分だけ保存して、半分を新しくつくる過程が半保存的複製である。そもそも生物には DNA コピーをつくる性質があるのだ。この DNA 複製を模倣することができるのではないかという考えが PCR の基本である。

PCR の発案に際し、基礎となった DNA の性質は 3 つある。それは、「DNA の 2 本鎖が高い温度で 1 本鎖に分かれ（解離）、低い温度で再び結合して 2 本鎖になること」、「DNA ポリメラーゼが働くことにより DNA のコピーができること（複製）」、そして「DNA の 2 本鎖は逆平行で相補的に結合していること」である。キャリー・マリスはこれらの 3 つの性質をもとに、次のことを思いついた。1 つめは、温度を上げ下げすることで、人工的に DNA を 2 本鎖にしたり、1 本鎖にしたりと状態をコントロールできることである。第 1 章に戻って、図 1-6B を見てほしい。DNA の 2 本鎖は、塩基と塩基の間の水素結合でつながっている。その結合は熱に弱いため、高温にすると切れてしまう。そのため 2 本鎖は 1 本鎖に解離することになる。反対に、低温では再び 1 本鎖は結合して 2 本鎖となる。つまり、温度の調節だけで、1 本鎖か 2 本鎖か DNA の状態を変化させることができるのだ。2 つめは、生物の複製の仕組みを人工的に再現できることである。上で述べたように、そもそも生物には DNA を 2

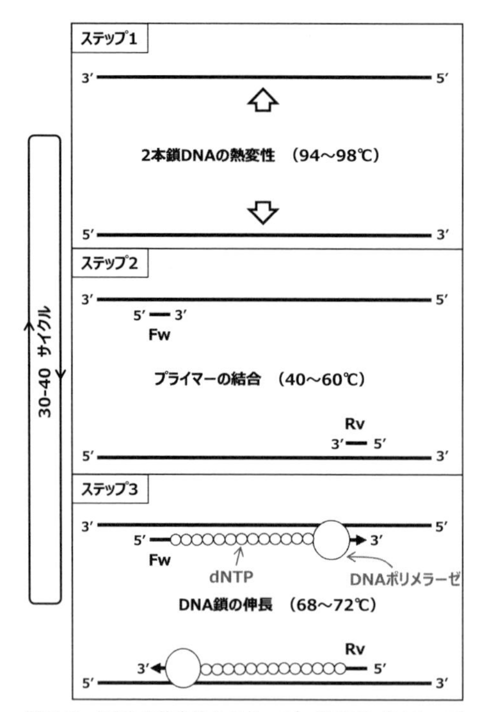

図5-2 PCRの基本的なステップ。熱変性（ステップ1）、プライマーの結合（ステップ2）、伸長反応（ステップ3）の3ステップを1サイクルとして、30から40サイクルを繰り返す。ステップ2のFw、Rvはそれぞれフォワードプライマーとリバースプライマーを示す。ステップ3の小さな白丸はdNTPを、大きな白丸はDNAポリメラーゼを表現する。DNAポリメラーゼは、常に、ヌクレオチドの炭素の5番目（5′）から3番目（3′）の方向に合成する。

倍にする能力があるため、その倍加に使われるDNAポリメラーゼを試験管のなかで働かせることで、DNAを人工的に増幅させせることができると考えた。3つめは、プライマー（primer）と呼ばれる1本鎖DNAを2種類使って、その間にはさんだ標的領域の増幅ができることである（前側のプライマーをフォワードプライマーFw、反対側をリバースプライマーRvと表現する）。プライマーの名前のprim-には「一番」とか「最初」の意味がある。これは、解離した1本鎖DNAに結合する「最初の」短い1本鎖DNAがプライマーであることに由来する。プライマーが結合した後、DNAポリメラーゼが、プライマーの後ろにヌクレオチド（dNTP）をつなげる反応を進める（図1-6B）。なぜ、プライマーにはさまれた領域が増幅されるのかというと、DNA2本鎖が逆平行であるからである。2本鎖が逆方向にあるということは、それぞれの鎖に結合したFwとRvプライマーは、鋳型となる1本鎖と反対の方向で結合する（図5-2ステップ2の5′と3′の方向を見てみよう）。したがって、2種類のプライマーから反対方向に合成が進むので、2つのプライマーの間の領域が増幅されるのである。以上のような性質を利用し、キャリー・マリスは、「2本鎖DNAの熱変性（解離）：94-98℃」、「プライマーの結合：40-60℃（アニーリングステップと呼ぶ）」、そして「DNA鎖の伸長（DNAポリメラーゼによるヌクレオチドの付加）：68-72℃」の3つのステップで、狙ったDNA領域を増幅することができると考えた（図5-2）。この1サイクルが終わったときに、プライマーではさまれた標的領域は倍加して、2本鎖が2個になる。そして、これを30-40サイクル繰り返すと、コピーがたくさんできることを想像していただけると思う。たとえば、30サイクル繰り返すと、反応が理想的に進めば、1分子の2本鎖DNAから2^{30}個、つまり1,073,741,824個の2本鎖DNAができることになる。

PCRの開発には、もうひとつ大きな工夫があった。初期のPCRでは、大腸菌のDNAポリメラーゼであるクレノウ断片（DNAポリメラーゼの断片）が用いられていた。しかし、PCRでは熱変性という90℃以上の高温のステップがあるため、通常37℃付近を最適温度として働く大腸菌のDNAポリメラーゼは、熱変性のステップで働かなくなってしまう（タンパク質が失活する）。したがって、DNAの伸長を何サイクルにもわたって成功させるためには、熱変性が終わるごとに、クレノウ断片をPCR反応溶液に入れる必要があった。つまり、この仕事を30-40回もおこなう必要があったのである。そこでキャリー・マリスは、イエローストーン国立公園の温泉に住む耐熱性菌から単離された細菌が持つDNAポリメラーゼを使うというアイデアを思いついた。温度の高い場所に住んでおり、その場所で分裂（生殖）を繰り返すのだから、きっと高い温度に強いDNAポリメラーゼを持っているはずであると考えたのである。温泉から単離された耐熱性菌 *Thermus aquaticus* YT1株が持つ耐熱性ポリメラーゼの最適温度は70-75℃であり、大腸菌のクレノウ断片の最適温度よりもかなり高い温度であった。それをPCRに活用することで、熱変性でのDNAポリメラーゼの失活は最小限に抑えられた。その結果、なにが起こったか？サイクルごとにDNAポリメラーゼを加える必要がなくなり、一度だけつくったPCR反応溶液を入れたチューブを、温度の上げ下げをする機器（サーマルサイクラー）にセットし、スタートボタンを押したら、後は待つだけとなった。PCRの自動化が実現したのである。

PCRに関して、もうひとつだけ触れたい。それは「なぜ、プライマーは狙った場所に結合してくれるのか？」ということだ。わたしはPCRを最初に学んだときには、狙った場所に結合することをいまいち信じられなかった。わたしは目に見えないものを簡単には信じられない人間だ。哺乳類の場合、塩基配列は数十億もあるのだ。どうして狙ったところに結合できるのかと不思議に思った。しかし、今では、PCRで増幅したDNAの塩基配列を決定しているので、きちんと狙った領域が増えていることを受け入れている。プライマーは短い1本鎖DNAであると書いたが、その長さは、デザインによって変わる。塩基対にして20bp程度であることが多い。もっと短くてもよい場合もあるし、長い場合もある。ここで、こんなことを考えてみよう。「20塩基の1本鎖DNAというのはいったい何種類つくることができるのだろうか」である。塩基はアデニン（A）、シトシン（C）、グアニン（G）、チミン（T）の4種類がある。ということは、20塩基の1文字目から20文字目まで、すべての場所で4つの塩基の可能性がある。つまり、20塩基の1本鎖DNAは世の中に4^{20}種類存在することになる。つまり、1,099,511,627,776個（約1兆個）である。もし、すでに知られているゲノムの情報を参考にして、ある1つの20塩基をプライマーとしてデザインしたとすると、そのプライマーは約1兆分の1の確率で存在する20塩基ということになる。つまり、約1兆個の配列を集めてきて、初めて1つ存在するようなレアな配列ということになろう。さて、ゲノムのなかから20塩基はいくつ取り出すことができるだろうか？　ゲノムの端から1つずつずらしながら、20塩基を取り出していけばよい。すると、ヒトの場合、ゲノムは約31億塩基であるため、20塩基も約31億個しか取り出すことはできない。さて、約1兆個の20塩基を集めてきて初めて1つ存在するような20塩基は、約31億個の20塩基のなかに2つ以上存在するだろうか？　ゲノムの塩基配列がランダムであるならば、そのようなレアな配列が2つ以上存在する確率は低いといえないだろうか？　少しわかりにくい議論のため、もう少し短い3塩基のプライマーの場合を考えてみよう。可能な3塩基のプライマーは4×4×4で64種類しかない。では、ヒトゲノムのなかから取り出すことのできる3塩基の数はというと、これも約31億個である。64個の3塩基を集めてきて初めて1つ存在する3塩基であれば、約31億個の3塩基のなかに、たくさん存在しそうではないか？　たとえば、AGCという3塩基をプライマーにすると、ゲノムの至るところに結合することが予想される。つまり、プライマーの塩基の長さを長くすればするほど、レアな配列となり、その結果、狙った場所以外に結合する確率が低くなるということなのだ。確率的な話でなんともわかりにくいかもしれないが、わたしたちの心配をよそに、プライマーはおおかた狙った場所に結合する。もちろん実際のゲノムの塩基配列はランダムではないため、思ったとおりにならないこともあるので注意は必要だ。さらに、2つのプライマーが結合する温度をそろえること、プライマーどうしの結合や、二次構造ができないようにすることなどを注意しながら、プライマーをデザインするのが腕の見せどころである。今は、プログラムを使ってプライマーをデザインすることもある。

5.2 DNA の解読

どういう考え方をしたらこんな方法が思いつくのだろうか？　そう思った方は多いのではないか。DNA 塩基配列における A、C、G、T の並び方を解読する方法について、今日まで長きにわたり使われてきた方法がサンガー法である。サンガーとは人の名前であり、二度のノーベル賞受賞者であるイギリスのフレデリック・サンガーにちなんで名付けられている。この手法は 1977 年に開発され、2003 年に完了したヒトゲノムプロジェクトにおいても大活躍した。この節ではそのサンガー法の原理を詳しく説明したい。

まず想像していただきたいのは、PCR によりたくさん増幅した DNA の断片が入っているプラスチックチューブの中身である。外から見ても透明でわからないが、確かに目的の DNA 領域の PCR 増幅に成功したことにしよう。溶液のなかには、DNA の断片が数千万、数億という数で存在する。ここでは説明のためにそのように無数にあるコピーのなかでたった 1 つの 2 本鎖 DNA だけに注目する（図 5-3）。サンガー法の肝であるシークエンス反応は、基本的には PCR にほかならないので、反応の際に活躍する役者は PCR と似ており、DNA ポリメラーゼ、プライマー、dNTP が使われる。そして、シークエンス反応の温度条件も熱変性、プライマーの結合、伸長反応と、通常の PCR と同じである。しかし、2 つだけ大きく異なる点がある。1 つめは、プライマーを 1 種類しか加えないということである。片側の DNA 鎖の塩基配列の並び方だけを分析することになるので、シークエンス反応溶液には、決して 2 種類のプライマーを混ぜてはいけない。PCR の後には、反応に使った両方のプライマーが溶液のなかに残されているので、シークエンス反応の前に DNA 精製で、2 つのプライマーを除去する必要がある。2 つめは、“ちょっと変わった dNTP” を加えることである（図 5-3）。その “ちょっと変わった dNTP” を説

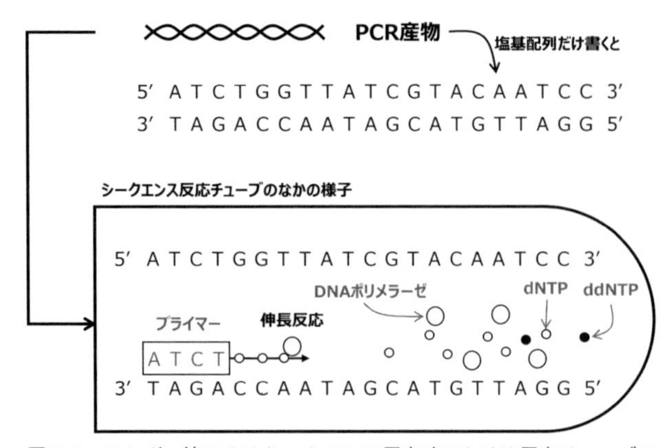

図 5-3　サンガー法によるシークエンス反応時における反応チューブのなかの役者を示す。無数にある PCR 産物のなかの 1 つだけを見ていると仮定してほしい。シークエンス反応は、基本的には PCR と同じ原理であるが、PCR と異なる点は、プライマーは 1 種類しか加えないこと、合成の材料として dNTP に加えて ddNTP（図 5-4）を加えることである。説明のため 4 塩基という現実よりもかなり短いプライマーとしている。

明しよう。

DNA と RNA は最初の文字が異なるが、これはそれぞれ Deoxyribonucleic acid と Ribonucleic acid の略語であるからである。DNA には最初に Deoxy とついている。De というのは否定をあらわす接頭辞である。デカフェのコーヒーにはカフェインが入っていないのと同様に、デオキシ（Deoxy）は、酸素（oxygen）がないことを意味している。それではどこの酸素がないのだろうか？　図 5-4 を見ていただきたい。上段は RNA の単量体になる材料であるリボヌクレオシド三リン酸である。RNA の場合、糖はリボースを使う。中段は DNA の単量体になる材料であるデオキシリボヌクレオシド三リン酸である（これ以前の説明では、便宜上、単にヌクレオチドと表現してきた）。DNA の場合、糖はデオキシリボースを使う。つまり、糖の一部において酸素があるかないかの話である。上段の糖の炭素の 2 番目についた酸素を見てから、中段の同じ場所を見ていただきたい。DNA の糖であるデオキシリボースには酸素がなくなっていることがわかる。DNA と RNA の糖の違いはここにある。さらに、もうひとつ重要な酸素がある。それは糖の炭素の 3 番目についた酸素である。この酸素は、次のヌクレオチドとホスホジエステル結合を形成するために使われるとても重要な酸素であった（図 1-6B）。下段を見てほしい。これが、

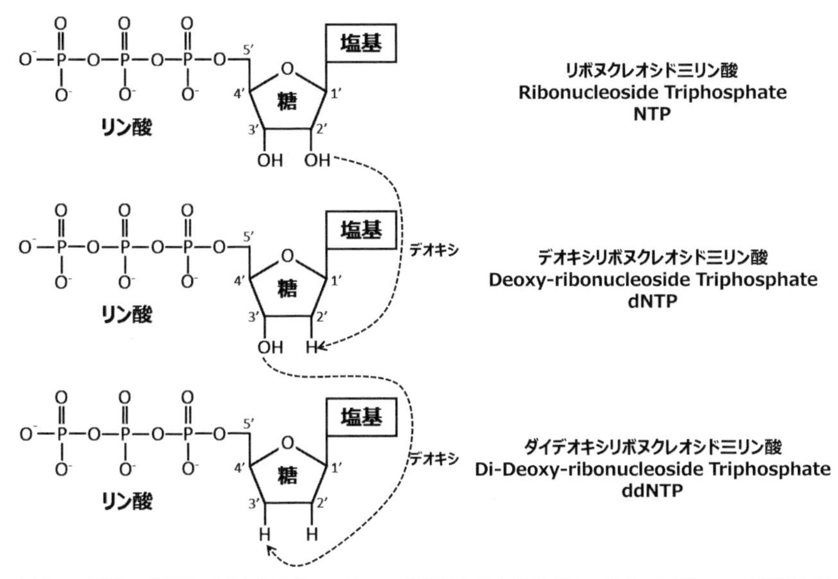

図5-4　NTP、dNTP、ddNTPの違い。Deoxyは糖における酸素がないこと、Di-Deoxyは糖における酸素が２つないことを意味する。

“ちょっと変わったdNTP”であるダイデオキシリボヌクレオシド三リン酸であり、ddNTPと呼ばれている。その特徴は、糖の炭素の3番目に酸素がないことである。ddの最初のdはギリシャ語のmono（1)、di（2)、tri（3）……のdiを意味する。つまり、ダイデオキシというのは2つの酸素がないということだ。糖の2番目の炭素に加えて、3番目の炭素においても酸素がついていないということになる。

それでは、図5-3のように、dNTPに加えて、ddNTPをシークエンス反応溶液に混ぜてPCRをおこなうことでなにが起こるのだろうか？　合成の材料がdNTPのみの場合は、糖の炭素の3番目に酸素があるため、次のdNTPが持つリン酸との間でホスホジエステル結合が形成され、どんどんと合成が進んでいく（図5-5A、図1-6B)。しかし、dNTPとともにddNTPが反応溶液に存在すると、たまにddNTPが合成に取り込まれることがある。ddNTPが取り込まれると、ddNTPの炭素の3番目には酸素がないため、次のdNTPが持つリン酸との間でホスホジエステル結合が形成されない。つまり、合成はストップしてしまうのだ（図5-5B)。さて、こうした合成がストップする位置は、“いつ”ddNTPが取り込まれたかによって異なる。想像していただきたいの

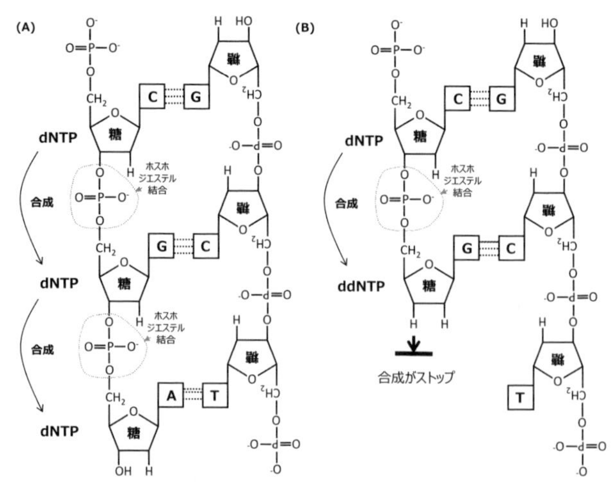

図 5-5 (A) dNTP のみを使って、DNA が合成される様子。(B) dNTP と ddNTP を使って、DNA が合成される様子。ddNTP が取り込まれた位置で、DNA の合成がストップする。

は、PCR 産物が、数千万、数億という数のコピーで存在することである。そのそれぞれのコピーにおけるシークエンス反応で、dNTP と ddNTP のせめぎ合いが起こっている。あるコピーでは、プライマーの直後に ddNTP が取り込まれるかもしれない。そうすると、そこで合成はストップする。また、別のコピーでは、プライマーの後に 8 回分 dNTP が取り込まれ、その後、9 回目に ddNTP が取り込まれて、そこで合成がストップするかもしれない（図 5-6A 上段）。そのように無数にあるコピーのそれぞれでは、さまざまな位置で合成がストップすることになり、その結果、さまざまな長さのシークエンス反応産物ができることを想像してもらえるだろうか？　図 5-6A には、13 塩基、9 塩基、6 塩基のたったの 3 パターンしか示していないが、なんといっても PCR 産物は数千万、数億という数で存在するのだ。プライマーの直後で合成がストップしている分子から、最後の最後に ddNTP が取り込まれて合成がストップしている分子までさまざまな長さを持った DNA ができあがることであろう（図 5-6B 左図）。

そうしてできあがった 1 塩基きざみで長さの異なる DNA 分子のそれぞれにおいて、いったいどの塩基を持つヌクレオチドで合成がストップしているのかがわかれば、DNA の塩基配列がわかるのではないか？　DNA シークエンサ

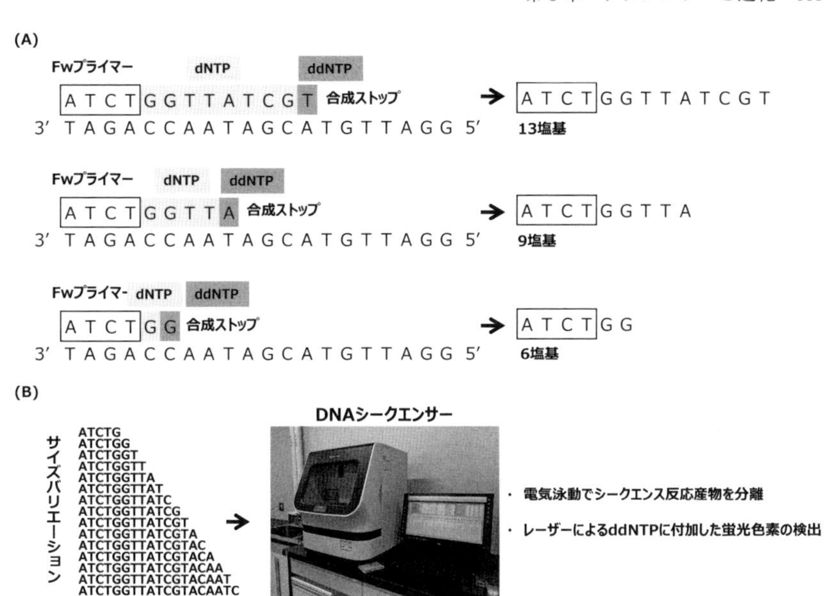

図5-6　(A) 数千万、数億という数のPCR産物のなかから3つの配列だけに着目したシークエンス反応の例を示す。説明のためにプライマーは現実よりもかなり短い4塩基としている。別のDNA分子では、図中で示した位置以外のさまざまな位置で合成がストップすることを想像してほしい。(B) シークエンス反応産物の長さによるバリエーションを示す。これを巨大な電気泳動装置であるDNAシークエンサーで分離すると、短いDNAから順番に分析ができる。合成がストップしたddNTPに付加した蛍光を読み取ることで、PCRで増幅したDNAの塩基配列を解読することができる。写真は福山大学のABI 3500 DNAシークエンサー（筆者撮影）。

ーとは、巨大な電気泳動装置である。DNAはマイナスに荷電しているため、電気をかけるとプラスに向かう性質を持つ。現在のDNAシークエンサーでは、ポリマーと呼ばれる粘性の高いゲル状の物質を詰めた管（キャピラリー）のなかをDNAに泳いでもらう。短いDNAほど動きが速く、長いDNAほど動きが遅いため、ポリマーのなかでDNAを長さの違いにもとづき、分離することができる。分離ができれば、短いものから順番に1つずつ分析することができるので、それぞれのDNA分子において「最後のヌクレオチドがいったいどの塩基を持つのか」を調べることができる。

どのように調べるのか？　DNAシークエンサーのもうひとつの役割は、レーザーを使って、4種類の塩基の蛍光色素を検出することである。上で説明したように、長さの異なるDNA分子が、どの塩基を持つヌクレオチドで合成が終わっているのかがわかれば、DNA塩基配列は決定できそうである。そのために、DNAシークエンサーでは、合成がストップしたddNTPに付加した蛍光色素をレーザーで励起することで、その蛍光を読み取る。アデニン、グアニン、シトシン、チミンを持つddNTPには異なる蛍光色素がつけられているのだ。たとえば、図5-6BのDNA分子のバリエーションのなかで最初にレーザーの照射部に流れてくるのは、最も短いATCTGである。これはGで合成がストップしているために、このGを持つヌクレオチドはddNTPであり、ddGTPと表現する。これにはG特有の蛍光色素がつけられている。これにレーザーを照射すると、Gであることがわかる。次にレーザーの照射部に流れてくるのは、2番目に短いATCTGGである。これも最後のGがddGTPであり、レーザーによりG特有の蛍光を読み取ることができる。後は同様で、T、T、A、T、C……と、短い順番に流れてくるDNA分子がどの塩基を持つddNTPで合成がストップしているのかを判定していくことになる。このように、合成をストップさせるddNTPはターミネーターと呼ばれており、それに蛍光色素をつけて塩基を読み取るため、ダイターミネーター法と呼ばれている（ダイには色素という意味がある）。

以上、サンガー法を使ったDNAシークエンスの原理について解説をした。開発されてから50年が経とうとしている手法ではあるが、今も進化生物学の多くの研究で使われている手法である。わたしが大学の学部生であった20年以上前には、現在のようにキャピラリーを使うDNAシークエンサーではなく、大きなガラス板2枚を使って、その間にアクリルアミドゲルを固めたものをはさんで、そのゲルのなかをDNAに泳いでもらうという方法を使っていた。その準備には数時間かかり、板の間に空気を入れずにいかにうまくアクリルアミドを流し込むかという技術には職人技が必要であった。しかし、DNAシークエンサーは機器の面でも発展を続け、キャピラリー式のDNAシークエンサーになると、今やサンプルを持っていき、所定の場所にセットするだけで準備完了という簡便さである。2003年に完了したヒトゲノムプロジェクトではキャピラリー式DNAシークエンサーが複数台用いられ大活躍したのは今や昔のことであるが、そのときから20年経った現在においても変わらず、活躍し続けている手法はすごいとしかいいようがない。いったい、どういう考え方をしたらこんな方法が思いつくのだろうか？

5.3 シークエンス技術の革新

DNA シークエンス技術の発展はとどまるところを知らない。2003 年にヒトゲノムプロジェクトが完了し、2004 年にその報告があった。そのプロジェクトに投じられた費用は約 30 億米ドルである。円ではないドルである。その直後の 2005 年から 2007 年にかけて、ロシュ、イルミナ、アプライドバイオシステムズの 3 社から相次いで開発が発表されたのが「次世代シークエンサー」である。Next Generation Sequencer の頭文字を取って NGS と表現されることが多い。次世代といっても、開発から 20 年も経とうとしているので、そろそろ言葉が適切ではなくなってきたのかもしれない。最近では、第 2 世代 DNA シークエンサーと呼ばれている。3 社が開発した DNA シークエンサーは、ショートリードシークエンサーと呼ばれ、短い塩基配列を読み取る DNA シークエンサーである。実際に、サンガー法と比較して、第 2 世代 DNA シークエンサーで読み取ることのできる DNA 塩基配列の長さは短い。しかしながら、分析できる DNA 分子の数が桁違いに多いのが特徴である。たとえば、福山大学が所持するサンガー法にもとづく DNA シークエンサーである ABI 3500 DNA シークエンサー（図 5-6B）は、8 本のキャピラリーを持つ。そのため、一度に 8 つの DNA サンプルを分析することができる。分析する DNA 塩基配列の長さにより異なるが、700 塩基対を分析するのに、1 時間程度かかる。つまり、1 時間で 5600 bp の長さの DNA を分析できるため、1 日にすると、134,400 bp を決定できるということになる。一方で、第 2 世代 DNA シークエンサーのなかで、代表的な機器のひとつであるイルミナ社 MiSeq の場合（図 5-7A）、一般的な試薬キットを用いると、150 bp 程度の長さの DNA 塩基配列しか決定することはできないが、なんと 3000 万個の DNA 塩基配列を分析できるため、1 日で 4.5 Gb（45 億塩基対）を得ることができる計算になる。ヒトゲノム約 31 億塩基対をざっと読むだけならば 1 日で終わるということだ。上述の ABI 3500 DNA シークエンサー 1 台だと、ヒトゲノムを読むのに 60 年以上かかる。第 2 世代 DNA シークエンサーのなかには、さらに多くのデータを短時間で得ることができる高性能機器も存在する。こうした新型の DNA シークエンサーの開発のおかげで、今やヒト 1 人のゲノムの分析にかかる費用が 1000 米ドルにまで低下している。DNA シークエンス技術におけるブレークスルーが進化

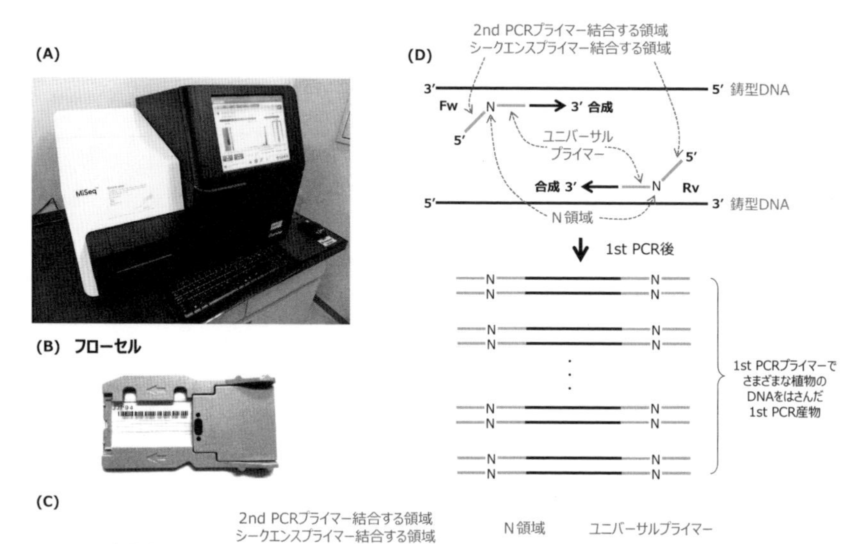

図 5-7 (A) 福山大学にある第２世代 DNA シークエンサー MiSeq（イルミナ社、筆者撮影）。(B) フローセル（筆者撮影）。(C) *trnL* 遺伝子をユニバーサルプライマーとした 1st PCR プライマーと各部の役割。(D) 1st PCR の際のプライマーが結合した様子と、増幅後の 1st PCR 産物の構造。

生物学や生態学のようなマクロ生物学の分野にも広く広がり、今や第２世代 DNA シークエンサーの利用は多くの研究室でルーチンワークとなった。

本節ではイルミナ社のシークエンス技術の原理を説明したい。福山大学にも、イルミナ社の MiSeq が導入されており、進化生物学や生態学の分野の研究に活用している（図 5-7A）。イルミナ社のシークエンサーでは、フローセルと呼ばれるガラス板の上で塩基配列を決定する（図 5-7B）。フローセルは親指と人差し指でつまんで持つ程度の大きさである。そのガラス板の上には、数百万から数千万の１本鎖 DNA 分子が芝生のように敷き詰められており（キットによりその数は異なる）、それぞれの１本鎖 DNA にサンプルの DNA が結合するところから解析が始まる。そんな小さなガラス板にそれほどたくさんの DNA 分子が敷き詰められているとは、にわかには信じがたいが事実らしい。つまり、自分の DNA サンプルには、このフローセル上の１本鎖 DNA に結合するためのアダプターがついていなければならない。以下で説明する DNA メタバーコーディング、シークエンスキャプチャー、MIG-seq、GRAS-Di はすべて PCR を使ってサンプルを調製するため、PCR の際に使うプライマーにこのアダプターがつけられている（その他の方法は本書では説明しない）。ここではDNAメタバーコーディング法を例に、どのような手順でアダプターのついたサンプルを調製するのかを説明したい。説明が長くなるが、1つずつ図を見ながら確認していきたい。

DNAメタバーコーディング法は、第2章で解説した北海道大学雨龍研究林のアカネズミとヒメネズミの糞から植物食性を分析したときに用いた方法である。この研究では別の次世代シークエンサーを使用したが、ここではより一般的なMiSeqを使用した方法を紹介する。具体的には、糞のなかのさまざまな植物に結合するようなプライマーを用いて、PCR増幅をおこない、その増幅したDNAの塩基配列を決定した後、DNAデータベースを用いて植物の種を同定した。DNAメタバーコーディング法は、水や糞などの環境サンプルのなかにどのような生物が生息しているのかを調べる環境DNA技術の根幹となる方法である。糞から抽出したDNAのなかには野ネズミが食べたさまざまな生物が入り混じっている。そのなかから、植物だけを、そしてできるだけ広範な植物の種を検出できるようなプライマーでPCRをおこなわなければならない。そのようなある生物の分類群の広範な種を対象にPCR増幅することのできるプライマーのことを、ユニバーサルプライマーと呼ぶ。雨龍の森のネズミの糞中植物を対象とした研究では、葉緑体DNAの*trnL*遺伝子上にデザインされた、広範な植物のDNAを増幅することのできるユニバーサルプライマーを用いた（以後、*trnL*プライマー）。通常、DNAメタバーコーディング法では2回のPCRをおこない、最初のPCR（1st PCR）で、ターゲットとなる生物（今回は植物）のDNAを増幅し、2回目のPCR（2nd PCR）でフローセル上の“芝生”に結合するためのアダプターを付加する。これらのPCRで使うプライマーにはさまざまな仕掛けが仕込まれており、プライマーにおけるそれぞれの領域の役割をしっかりと覚える必要がある。

その重要なプライマーの構造について説明したい。1st PCRで使うプライマーには、3′側にユニバーサルプライマーが存在する（図5-7C, D）。そのユニバーサルプライマーが上述の*trnL*プライマーである場合、糞中の植物のDNAに結合し、そこからDNAポリメラーゼにより、プライマーの後ろ側に（3′側に）dNTPがつなげられていくことになる。それ以外のプライマーの領域にも重要な意味がある。ユニバーサルプライマーの5′側には6つのNの表

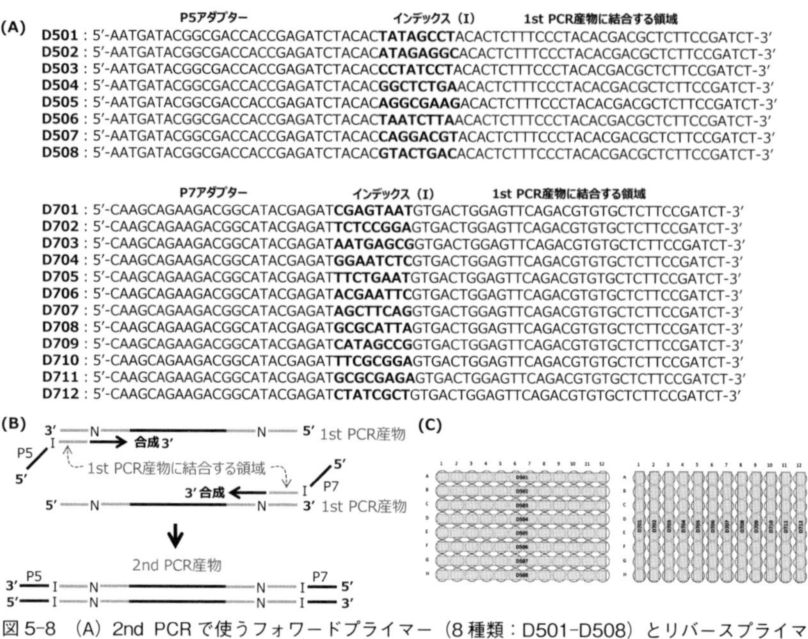

図 5-8　(A) 2nd PCR で使うフォワードプライマー（8 種類：D501-D508）とリバースプライマー（12 種類：D701-D712）の構造と各部の役割。(B) 2nd PCR の際にプライマーが結合する様子と、増幅後の 2nd PCR 産物を示す。I はインデックスを N は N 領域を示す。(C) 96 サンプルを対象とした 2nd PCR プライマーのインデックスの割り当てを示す。

記がある（図 5-7C）。これを N 領域と呼ぶ。N 領域のさらに 5′側には 30 塩基程度の領域がある。N 領域の役割については、DNA 塩基配列を決定する方法の説明がないとわかりにくいので、後回しにしよう。まずは、5′側の 30 塩基程度の領域を説明したい。ここには 2 つの意味がある。ひとつは、2nd PCR の際のプライマーが結合するターゲット配列になること、もうひとつは、DNA 塩基配列を決定する際にフローセル上でシークエンスプライマーが結合するターゲット配列になることである（図 5-7C, D）。このような 1st PCR プライマーを使って PCR をすると、2nd PCR やシークエンスの際にプライマーが結合する DNA によりさまざまな植物の DNA をはさんだ PCR 産物ができあがる（図 5-7D）。

次に、2nd PCR では 1st PCR 産物にアダプターを付与する。アダプターはフローセル上の“芝生”に結合するために必要ということであった。アダプターには 2 種類あり、P5 アダプターおよび P7 アダプターと呼ぶ。それぞれ、フォワードプライマーとリバースプライマーの5′側につけられている（図5-8A）。さらに、2nd PCRプライマーにはもうひとつ重要な役割がある。図5-8Aを見ていただきたい。これらはわたしがDNAメタバーコーディング法を使う際に用いる2nd PCRプライマーである（方法により異なるので注意）。フォワードプライマーとして、D501-D508の8種類、リバースプライマーとして、D701-D712の12種類がある。まずフォワードプライマーを見てみると、3′側に1st PCR産物に結合する領域があり、5′側にはP5アダプターの領域がある。これらの領域について、D501-D508まで見比べてみると、同じ配列であることがわかる。リバースプライマーも同じである。3′側に1st PCR産物に結合する領域があり、5′側にはP7アダプターの領域がある。これらの領域について、D701-D712まで見比べてみると、同じ配列である。この1st PCR産物に結合する領域とアダプターのついた2nd PCRプライマーでPCRをおこなうと、1st PCR産物がP5とP7アダプターにはさまれた構造を持つ2nd PCR産物が得られる（図5-8B）。これでアダプターが付加されたことになるため、2nd PCR産物をフローセルに結合させることができそうである。では、まんなかのインデックス（I）はなにを意味するのであろうか？

D501-D508まで、あるいはD701-D712まで見比べてみると、これらのインデックスに相当する8文字の配列はプライマーの間で全く異なることがわかる。このインデックスは、サンプルを識別するために使う“印”として働く。たとえば、96サンプルを分析したいとしよう。なんでもよい。ここでは、アカネズミ48個体と、ヒメネズミ48個体の糞のサンプルの分析を想定しよう。それぞれのサンプルのDNAを対象として、図5-8Cのように、96個（8×12個）のチューブのなかでPCRをおこなうこととする。2nd PCRのターゲットとなる1st PCR産物（精製後）に加えて、PCRに必要なDNAポリメラーゼやdNTPなどをそれぞれのチューブに加えるのは通常のPCRと同じである。ただし、プライマーを加えるときには、図5-8Cに書かれた名前のプライマーをそれぞれのチューブに加えてほしいのだ。たとえば、A1のチューブには、D501のフォワードプライマーとD701のリバースプライマー、D3のチューブには、D504のフォワードプライマーとD703のリバースプライマーといったように加えるのである。そうすると、たとえば、A1に入れたサンプル由来の2nd PCR産物のインデックスには、D501のインデックスであるTATAGCCT

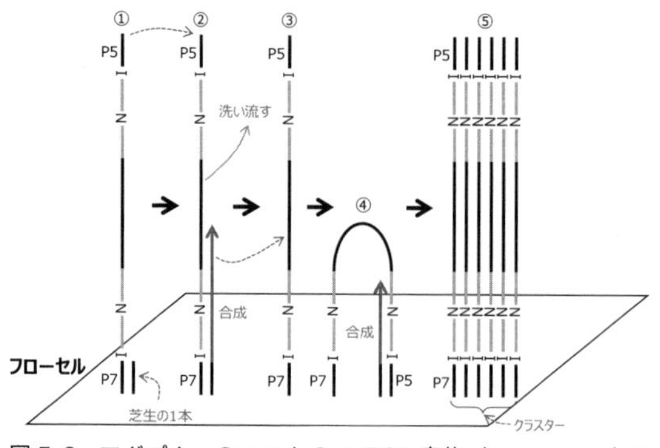

図 5-9　アダプターのついた 2nd PCR 産物がフローセル上に結合し、その後、PCR によりクラスター（サンプル DNA のコピー）が形成されるまでの様子。

と、D701 のインデックスである CGAGTAAT がつけられているはずである。たとえば、北海道で捕獲したある 1 個体のアカネズミの糞から抽出した DNA から、1st PCR で植物を検出する *trnL* プライマーで PCR 増幅したとしよう。その後、A1 のプライマーを使って 2nd PCR を行うと、さまざまな植物の DNA が間にはさまれているものの、すべてのインデックスは D501 と D701 の 8 文字が付与されることになる。どうしてこのようなインデックスをつけて、サンプルを識別する必要があるのだろうか？　思い出してほしい。DNA 塩基配列の決定は、フローセルと呼ばれる小さなガラス板の上で行う（図 5-7B）。具体的には、96 個のサンプル由来の 2nd PCR 産物はすべて、1 つにまとめてしまってから、1 つのガラス板で分析をおこなうことになるのだ。そのため、サンプルはごちゃ混ぜになる。MiSeq が出力した DNA 塩基配列のデータが、いったいどのサンプルに由来するデータなのかを識別する必要があるのだ。96 サンプルを別々に分析できればよいのだが、MiSeq では複数サンプルを一度に分析する必要があるために、インデックスが必要となる。

さて、ようやくサンプルの準備ができた。このサンプルのことを少し想像してみてほしい。1st PCR で、さまざまな植物の DNA を増幅したことを上述した。つまり、すべてのサンプルは、P5 と P7 というアダプターにはさまれた配列という意味では同じ構造を持つが、それぞれが抱える植物の DNA は異なる。そしてインデックスはサンプルごとに異なる。このようにさまざまな種類の DNA がサンプルのなかに存在することから、さまざまな本が所蔵されている図書館に見立てて、ライブラリと呼んでいる。このライブラリをフローセル上の芝生である 1 本鎖 DNA に結合させるのである。ここからは図 5-9 から図 5-12 を見ながら、塩基配列決定までの手順を見ていこう。サンプルの P7 アダプターがフローセル上の1本鎖DNA（芝生の1本）に付着すると（図5-9①)、サンプルのDNAの情報にしたがって、その芝生の1本からDNAが合成される（②)。すなわち、サンプルのコピー（相補鎖）がつくられるのだ。その後、ライブラリとして準備したもともとの1本鎖DNAは洗い流されて、②で芝生のDNAから合成された相補鎖DNAが残る（③)。ここではP7アダプターが相補鎖であっても、便宜上、P7と表記する。③の状態では、P7アダプターでフローセルにつながっており、頭のP5アダプターはどこにもつながっておらずフリーである。実は、このP5アダプターが結合できる“芝生”もフローセルには準備されているため、P5アダプターが深々と“お辞儀（謝罪？)”をするようにフローセルに結合することでブリッジが形成される。そこからまた、相補鎖DNAが合成される（④)。最初にP5で芝生に結合した場合には、反対のことが起こる。このようなブリッジPCRが周辺の“芝生”を利用して何度も何度も繰り返されることにより、自分のまわりにコピーをたくさんつくることができる。コピーができたら、P5アダプターでフローセルと結合したDNA分子は洗い流し、P7アダプターでフローセルと結合したDNA分子のみを残す（⑤)。こうして残されたDNAコピーの束のことをクラスターと呼ぶ。このようなクラスターがフローセルの上で、数百万から数千万個つくられることを想像してほしい。この先、それぞれのクラスターで、DNA塩基配列を解読するための蛍光検出をおこなっていく。

なぜ、このようなクラスターを形成する必要があるかというと、それは蛍光の強度を上げるためである。たとえば、1分子のDNAからグアニン（G）の蛍光が光るのと、たくさんのDNAのコピーをつくってからたくさんのグアニン（G）の蛍光が光るのとでは蛍光の検出のしやすさが異なる。図5-10では説明のために、クラスターのなかから1本だけを抜き出して（図5-10⑥)、DNA塩基配列の決定の仕組みを解説したい。同じようなことが同じクラスター内のDNAコピーでも起きていると想像を膨らませてほしい。覚えているだろうか？　1st PCRの際に使ったプライマーの5′側には、シークエンスプライマーが結合する領域が仕込まれていた。まずは、そこにシークエンスプライマーが結合する（⑦)。その後、フローセル側に向かって、PCRと同じようにヌクレオチドが付加されることで塩基を読み取っていくのだが（⑧)、そのヌクレオチドにまた仕掛けが2つ仕込まれている。ひとつは、サンガー法と同じ

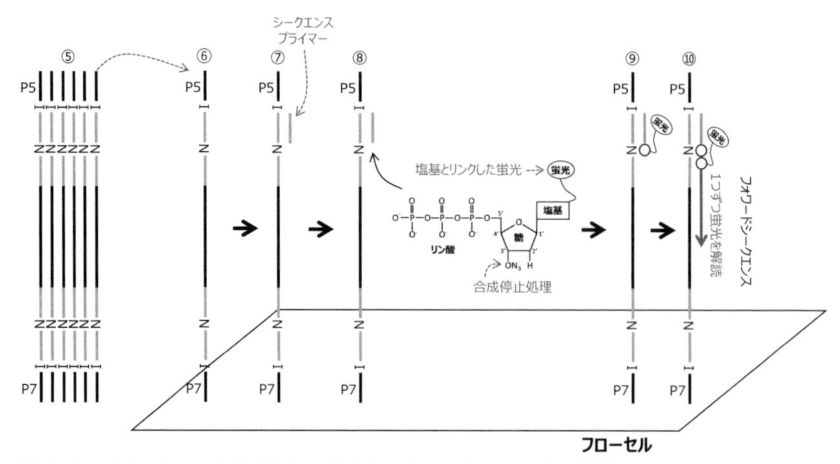

図5-10　クラスターから代表として抜き出した1つだけのコピーを対象に、フォワードシークエンスの情報を得るまでのDNA塩基配列決定方法。

ように、合成停止処理が施されているのだ。サンガー法の場合は、ddNTPにおける糖の3番目の炭素において、酸素がなくなっていたがために（デオキシ）、ホスホジエステル結合が形成されずに合成停止となった。今回は、糖の3番目の炭素にOH基ではなく、ON_3基（アジドメチル基）がついており、これが合成停止を引き起こすことになる。つまり、このヌクレオチドが取り込まれると、次のヌクレオチドは取り込まれないことになる。もうひとつの仕掛けは、塩基に蛍光色素がつけられていることである。各塩基に異なる蛍光色素がつけられているため、その蛍光を読み取ることで、どの種類の塩基を持ったヌクレオチドが取り込まれたのかがわかる（⑨）。最初に取り込まれたヌクレオチドの蛍光を読み取ったら、次のヌクレオチドの蛍光の読み取りの邪魔になるので蛍光色素を切断し、その後、合成停止処理を解除する（⑩）。解除というのは、ON_3基をOH基に換えるということである。そうすると、ホスホジエステル結合が可能となるために、次のサイクルで新しくヌクレオチドを取り込むことができる。そして1つめのヌクレオチドと同様に2つめのヌクレオチドを取り込み、その蛍光を読み取るのだ。このようなことを繰り返し、キットにより長さが異なるが、25 bpから300 bp程度の蛍光を読み取る。得られたDNA塩基配列をフォワードシークエンスという。このような蛍光色素の読み取りが、フローセルのガラス板上の数百万から数千万のクラスターの上で起きていることを想像してほしい（図5-11）。それぞれのクラスターにおいて、シークエンスプライマーから1つだけ塩基が取り込まれたとき、そしてその取り込まれた塩基がそれぞれのクラスターで異なっていたとき、上からカメラで撮影すると4色のカラフルな星のように見えるのが想像できるだろう（図5-11）。次のサイクルで取り込まれる塩基が異なるときに、そのカラーは変化していくことになる。その色の移り変わりをとらえていくことで、それぞれのクラスターにおけるDNA塩基配列を解読していくのだ。

ところで、シークエンスプライマーが結合してから、最初に蛍光が読み取られるのは、N領域であることに触れなければならない。ここでようやくN領域の説明ができる。図5-10⑦のシークエンスプライマーが結合した直後には、6塩基のNが存在する。図5-7Cを再び確認してもらうとよい。Nというのは、A、C、G、Tのミックスという意味がある。つまり、1st PCRプライマー溶液のすべてのプライマー分子には、ユニバーサルプライマーと2nd PCRプライマー・シークエンスプライマー結合部という共通の領域が存在する一方で、N領域だけは、プライマー分子ごとに異なることになる。そのようなNを6つ分最初に読まなければならないのだ。Nの役割を知るためには、Nがないときのことを考えればよい。N領域がない場合、最初に読まれるのはどの領域だろうか？　N領域の3′側にはユニバーサルプライマーが存在するため、そのユニバーサルプライマーの配列を読むことになる。ユニバーサルプライマーはライブラリのなかのどのDNA分子にも共通しているため、ユニバーサルプライマーの塩基の情報にしたがってヌクレオチドが取り込まれると、同じサイクルにおいて、すべてのクラスターで全く同じ塩基を持つヌクレオチドが取り込まれてしまうことがわかると思う。すると、図5-11では、すべてのクラスターから全く同じ蛍光が発せられることとなる。上からカメラで撮影すると1色である。これがよくないらしい。フローセル上には数百万から数千万のクラスターが存在し、シークエンサーはガラス板の上のそれぞれのクラスターの場所を把握しながら、蛍光色素を読み取るのだが、全く同じ色、つまりフローセルが真っ赤になったり、真っ青になったりすると、シークエンサーがクラスターの位置を誤って認識する可能性があるのだ。これを防ぐ目的で、ある程度の蛍光色素の多様性を維持するために、それぞれのDNA分子で異なる蛍光パターンを示すN領域が仕込まれているのだ。仕込むというのは特にむずかし

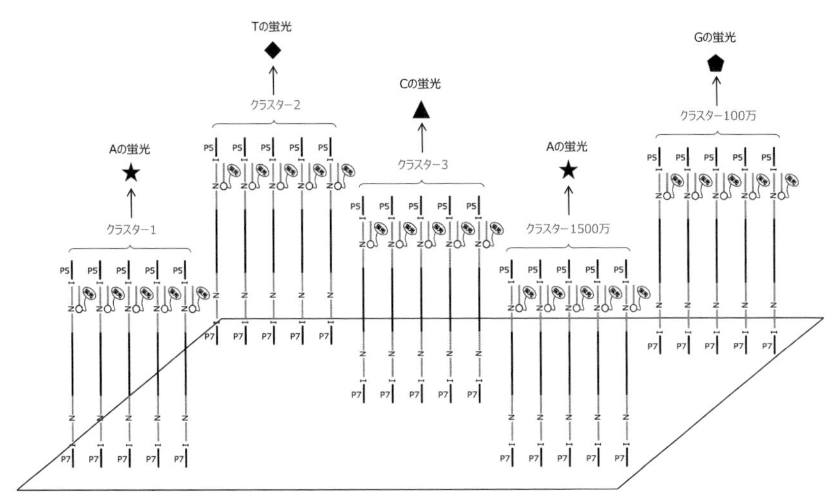

図 5-11　フローセル上の数百万、数千万のクラスターのなかから５つだけを示したもの。ある１回のサイクルにおいて、合成停止処理が施されたヌクレオチドが１つ取り込まれ、その蛍光が読み取られている瞬間の様子。

くない。DNA 合成会社にプライマーの合成を注文する際に、該当部分を６つの N にしてくださいと依頼するだけである。なぜ、6 つの N かというと、シークエンサーがクラスターの位置を認識するのに、6 サイクル程度かかるためのようだ。よく考えられた方法である。

さて、いよいよ最後の説明に迫ってきた。25-300 個の蛍光を読み取った後は、合成した DNA（フォワードシークエンス）をプライマーごと洗い流す（図 5-12 ⑪）。その後、この DNA 分子が、どのサンプル由来のものなのかを知るために、P7 アダプター側のシークエンスプライマー結合部にシークエンスプライマーが結合し、P7 側のインデックスを読み取る（⑫）。読み取り後に、その合成した DNA はプライマーごと洗い流す（⑬）。続いて、フローセル上の芝生に P5 アダプターが結合し、P5 側のインデックスを読み取る（⑭）。これで２つのインデックスを読み取ったことになるので、この DNA 分子（なにかの植物の DNA を含む）が、図 5-8C のインデックス情報にしたがってどのサンプル由来のものかがわかる。その後、相補鎖 DNA を合成し（⑮）、P7 アダプターでフローセルに付着した DNA を洗い流す。そうすると、P7 と P5 が逆さまになった DNA が残るため、図 5-10 ⑦のようにシークエンスプライマーが結合し（⑯）、図 5-10 ⑩とは反対方向にヌクレオチドが取り込まれ、蛍光

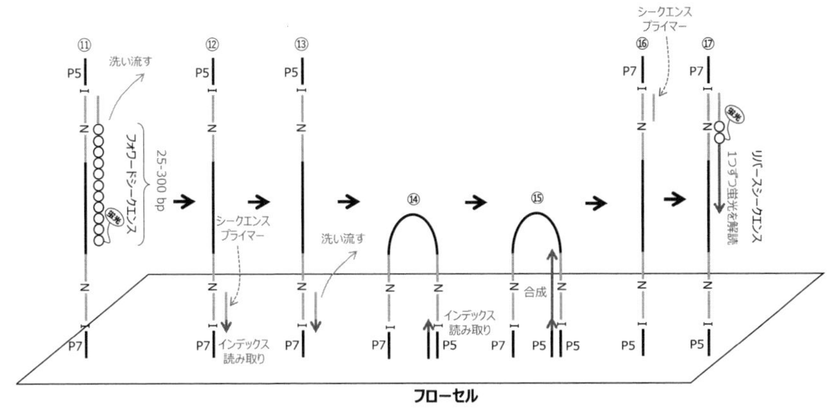

図5-12　2つのインデックスシークエンスと、リバースシークエンスの情報を得るまでのDNA塩基配列決定方法。

が読み取られていく（⑰）。ここで得られたDNA塩基配列はリバースシークエンスという。以上、1つのクラスターから、フォワードシークエンス、2つのインデックスシークエンス、そしてリバースシークエンスの4つのDNA塩基配列が得られることになる。DNAメタバーコーディング法の場合は、通常、フォワードシークエンスとリバースシークエンスが重なるように、ターゲットDNAの長さを決めているため、これら2つのDNA塩基配列から、1つの植物DNAが決定され、この植物DNAがどのサンプル由来なのかが、インデックスの情報からわかるという仕組みである。長い長いとても長い説明であったが、以上がイルミナ社の第2世代DNAシークエンサーであるMiSeqでDNA塩基配列を解読する方法である。学生の皆さんには図を見ながら何度も読み返していただきたい。試験に出します。

5.4 第2世代DNAシークエンサーを使った進化生物学

こうした技術は進化生物学や生態学のさまざまな分野で活用されているが、その使い方は千差万別である（佐藤・木下，2020）。本節では、わたしが経験してきた縮約ゲノム法と呼ばれる手法を紹介したい。ゲノム全体ではなく、ゲノムの一部をシークエンスする方法である。ここでは、第1章や第3章で触れた、真無盲腸目の進化を解析した手法であるシークエンスキャプチャー法

(Jones and Good, 2015）と、瀬戸内海の島のアカネズミの進化を解析した手法である MIG-seq 法（Suyama and Matsuki, 2014）と GRAS-Di 法（Hosoya *et al*., 2019）を解説する。

シークエンスキャプチャー法は文字どおり、ゲノムのなかからある配列（シークエンス）を捕獲する（キャプチャー）方法である。餌を意味するベイト、あるいはキャプチャープローブと呼ばれる短い DNA や RNA 分子を使って、ゲノムの海で“釣り”をするのだ。釣りをするときには、捕獲する魚種によって餌を変えるだろう。それと同じで、ゲノムのなかから釣ってきたい DNA 領域に結合できるような相補的な DNA や RNA 分子を餌として使うのである。まずは、ゲノムは大きな分子であるので、超音波で細かく断片化するところから始める。これにより、たくさんの DNA 断片ができる。なかには狙った領域が含まれる DNA 断片もあるかもしれないが、おおかたの DNA 断片は興味の対象ではない断片である。そうしたさまざまな DNA 断片は海を泳ぐ魚のようであり、そのなかから餌（ベイト）を使って、狙った DNA 断片を“釣って”くるのである。具体的には図 5-13A を見ていただきたい。ゲノムを超音波に

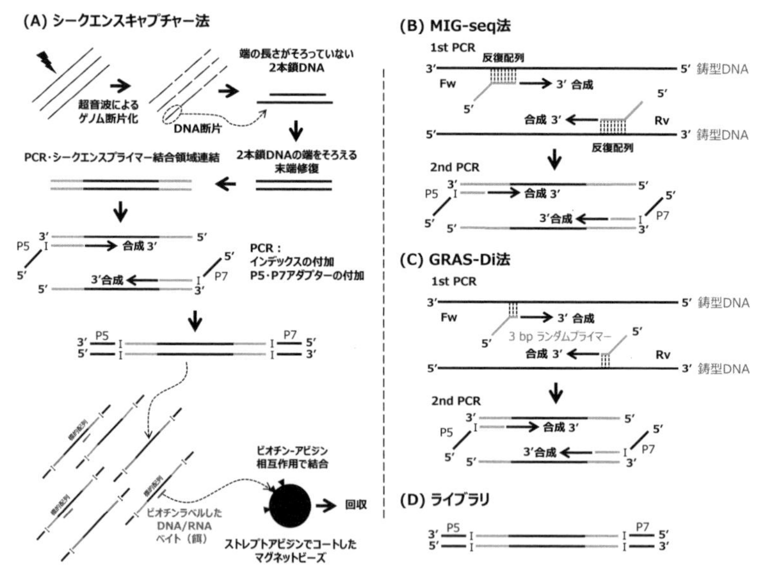

図 5-13　３つの縮約ゲノム分析の手順についての概略図。(A) シークエンスキャプチャー法。(B) MIG-seq 法。(C) GRAS-Di 法。(D) ３つの方法により最終的に得られるライブラリ。これを MiSeq などの DNA シークエンサーで分析する。

より断片化すると、断片化したDNAの端の長さがそろっていないため、それを修復して、端のそろった2本鎖のDNA断片とする（末端修復）。その後、後のPCRやシークエンスのためにプライマーが結合する領域を連結させ、さらにPCRでインデックスとP5およびP7アダプターを付加する。これで、前節のDNAメタバーコーディング法で得たライブラリと同じ構造ができあがる。もちろん断片化したDNAは、ゲノムのさまざまな領域が断片化したものであるため、狙った領域がある場合もあれば、そうではない場合もある。そのため、これらのライブラリのなかから、自分が狙った領域を含むDNA断片だけを回収する。“釣り餌（ベイト）”のDNAあるいはRNA分子には、ビオチンラベルが施されている。それらのベイトが標的配列を持ったDNA断片と結合した後、ストレプトアビジンでコーティングしたビーズを加えると、ビオチン-アビジン相互作用という結合により、標的配列を含むDNA断片のみが回収される（図5-13A）。“釣り”の成功である。後は、前節の方法にしたがって、シークエンスを決定することになる。

それでは、どのような場所を標的とすべきなのだろうか？　それは、「お好きなように」というのが答えだ。たとえば、第3章で説明した、真無盲腸目の進化に関する研究では、超保存エレメント（Ultra-Conserved Elements; UCE）と呼ばれるゲノムのなかに散在する脊椎動物の間で保存された領域（類似性の高いDNA塩基配列）をターゲットとした。新生代の初期の分岐という古い時代の系統関係を推定したかったので、核DNAのなかでもひときわ保存的な領域を分析したいと考えたのである。そうした領域に結合できるようなビオチンラベルRNAを準備したのだ。といっても、自分で準備したわけではなく、MYcroarray社からすでにキットとして販売されているmyBaitsというあらかじめデザインされた脊椎動物のUCE用のビオチンラベルRNAを用いた。こうしたキャプチャープローブは自分自身でデザインすることも可能である。第3章で説明したように、この手法により、約13万塩基対のDNA塩基配列情報を得ることができ、それまでよりも大規模な分子系統解析ができた。一昔前には、たとえば、わたしが学生時代には、数万塩基対のデータにもとづく系統解析でさえ大変な作業であった。しかしながら、この10年程度の間に、分子系統学が扱うデータ量が格段に増加したといえる。

次に、MIG-seq法とGRAS-Di法を説明したい。両者ともにPCRによって、ゲノムのさまざまな場所にプライマーを結合させて、それぞれの領域で増幅したDNAの塩基配列から多型の情報を得る方法である。MIG-seq法は、ゲノムのなかのマイクロサテライトと呼ばれる1から6塩基程度を単位とした反復配列にプライマーを結合させる（図5-13B）。マイクロサテライトは、ゲノムのなかに散らばって存在し、多くの領域で見られる配列であるため、マイクロサテライトを対象にプライマーを設計することで、ゲノムの多くの場所からマイクロサテライトにはさまれた領域のDNAを増幅することができる。プライマーとしては、たとえば、8種類のフォワードプライマーと8種類のリバースプライマーを使う（Suyama and Matsuki, 2014）。いずれのプライマーも2から3塩基を単位とする反復配列に結合するようにデザインされている。1st PCRで反復配列にはさまれた領域のDNAを増幅した後は、DNAメタバーコーディング法やシークエンスキャプチャー法と同じように、インデックスとP5およびP7アダプターを付加するための2nd PCRをおこなう。一方、GRAS-Di法は、32種類の3塩基と32種類の3塩基にはさまれたDNA領域における違いを検出する方法である（Hosoya *et al.*, 2019）。3塩基対の配列、たとえば、AAAという3文字の塩基配列は、どれくらいの確率で存在する配列かは上で議論したとおりである。3塩基対の配列の組み合せは64通りあるため、確率的には64個の3文字を集めてきたら、そこに1つ存在するような頻度で存在することが期待されるということであった。ヒトの場合、約31億塩基対からなるゲノムにおいて、AAAという3文字は、至るところに存在することが期待される。そのような3文字どうしにはさまれた場所をPCRで増幅する。1st PCRの後には、上述の手法と同じように、インデックスとP5およびP7アダプターを付加するための2nd PCRをおこなう。このようなプロセスを経ると、MIG-seq法の場合も、GRAS-Di法の場合も、図5-13Dのような構造のライブラリが得られるため、前節の方法にしたがって、シークエンスを決定することができる。

わたしがこれらの方法を使っているのは、第1章でも登場した瀬戸内海島嶼のアカネズミの遺伝的分化を解明する研究においてである。第1章で説明したようにGRAS-Di法により、たくさんのSNPsが得られたため、1万年から2万年という進化的なスケールでは比較的新しい時代の事象であっても、遺伝的分化を引き起こす要因として古代河川が影響したことを明らかにできるなど、この手法が過去を推定するための強力な武器になることがわかった。MIG-seq法についても、同様に瀬戸内海島嶼のアカネズミについて分析をしており、GRAS-Diの結果と同様に、古代河川の影響を見出すことができた（Yasuda *et al.*, 未発表）。ただし、MIG-seqから得られるSNPsは、GRAS-Diよりも少ないようである。とにもかくにも、シークエンスキャプチャー法同様、一昔前の系統地理学的研究で使われていたデータ量と比較して、比べようもないほど多くの多型情報が得られるようになった。

5.5 テクノロジーとの付き合い方

本書では詳しく説明しないが、今や第3世代のDNAシークエンサーも開発から10年が経とうとしており、進化生物学の世界にも浸透し始めている。今後は、たくさんの種あるいは個体についてゲノムが読まれ、それを比較解析する時代になっていくのであろう。そして、わたしたちが発揮すべき能力も変化していくはずだ。ヒトが瞬間的に理解できる文字数は13文字までらしい。ゲノムをヒトの目でひとつひとつ見ることは、もはやヒトの限界を超えている。その膨大なビッグデータから傾向を探りあてて、ヒントをつかんでから深入りするのがよいであろう。つまり、これからは、いかに効率的にビッグデータの特徴を把握することができるかが最大の問題である。AIの技術も目に見えて発展しているため、こうした情報学の観点からの進化生物学の進展は、今後の若い研究者に期待するところである。

しかし、分析機器の発展とバイオインフォマティクスの拡充で、生きものの本質に迫ろうとしている一方で、生きものからしだいに離れてしまっている事実から目を背けてはいけない。バイオインフォマティクスを学ぶことは、多くの生物学者にとっては、大変時間がかかる試みである。バイオインフォマティクスも十分に面白い分野で、これからの時代、ビッグデータからいかに自分のほしいデータを正確に抽出できるかが身につけるべき最重要技術であるのはまちがいない。そういった情報技術の問題に没頭するのもひとつの生き方である。分子系統学から研究を始めたわたしも系統樹を推定するための多くの手法を学んだ。それが推定する進化過程が本当のことを意味するかどうかは一度わきに置いて、真実がわからない進化生物学の世界においては、あらゆる手を尽くさなければならないのだ。その一方で、手法そのものの面白さに“はまって”いったわたしがふと気がついたのは、生きものからどんどん離れていきつつある自分であった。生きものが知りたいと思えば思うほど、生きものから離れていることに気がついたのだ。きわめて逆説的であり、自己矛盾を感じざるをえないことであるが、事実である。人生は限られている。今、皆さんが進めていることは、本当に皆さんが知りたいことなのだろうか？　皆さんが生きがいを感じることなのだろうか？　一度、立ち止まって考えてみるのもよいと思う。わたしが知りたいのは哺乳類の進化であり、退化であり、進化の仕組みである。テクノロジーはその研究のためのツールにすぎない。できることとできないことを理解ながら、身の丈に合った進化生物学を展開するために、わたしはユーザーとしてバイオインフォマティクスを利用している。常に一歩引いた視点で、自分が進めていることがどこに向かっているのかを考えることが、生きものの本質の理解には必要ではないかと感じる。そう、テクノロジーは必須だが妄信すべきではないのである。その一方で、テクノロジーが進展するほど、身近な現象が面白くなってくることもまちがいのない事実である。そしてなんでも人任せにせず、フィールド調査も実験も解析も論文書きも自分でおこなう楽しさは研究者として手放してはいけないことでもある。皆さんはどう考えるだろうか？「なぜ、進化生物学を学ぶのか？」。それはすさまじいテクノロジーの進歩を目の前に、身のまわりの進化の謎を解明できる、そんな時代を生きているからである。今後、そうした生物多様性とテクノロジーを学んだ人たちが活躍する社会がやってくるはずである。いや、そんな時代の足音がしだいに大きく聞こえ始めている。

5.6 第5章のまとめ

1. だれでも研究人生のなかで数回はテクノロジーによるブレークスルーを経験する。進化生物学の世界でも、PCR、サンガー法や次世代シークエンサーによるDNA塩基配列の決定により、多くのことが明らかとなった。なかでもPCRは耐熱性のバクテリアの力を利用して、ゲノムの一部を増幅する方法であり、今や一般的にも有名な手法となった。
2. サンガー法は、二度のノーベル賞を受賞したフレデリック・サンガーが開発したDNA塩基配列決定技術である。合成停止処理を施したヌクレオチドを使って、PCRをおこなうことで、さまざまな長さのDNA断片を合成し、それをDNAシークエンサーという巨大な電気泳動装置で分離する手法である。本手法はヒトゲノムプロジェクトにおいても活躍した。

3. 第2世代DNAシークエンサーの登場は、進化生物学に革新的な進歩をもたらした。イルミナ社のシークエンサーMiSeqでの分析のためには、フローセルと呼ばれるガラス板に付加されたDNAに結合するためのアダプターや、サンプル識別のためのインデックス、そして効率的なシークエンシングのためのN領域をPCRによりサンプルに付加しなければならない。プライマーの構造と各領域の意味をよく理解する必要がある。
4. 第2世代DNAシークエンサーを使った進化生物学の手法として、シークエンスキャプチャー法、MIG-seq法、GRAS-Di法などがある。シークエンスキャプチャー法では、ゲノムのなかで分析したい領域のみを取り出して塩基配列を決定する。MIG-seq法では、マイクロサテライトと呼ばれる反復配列にはさまれた塩基配列における一塩基多型を分析する。GRAS-Di法では、3塩基のプライマーを使ってPCR増幅された領域における一塩基多型を分析する。
5. テクノロジーの発展により、処理しなければならないデータ量が格段に増えた。これからは、ゲノムの海のなかから、自分が欲するデータを取り出し、分析する能力が求められる時代となる。このようなバイオインフォマティクスだけで、人生を使い切ってしまうこともできるくらいだ。しかし、今一度、皆さんがなにを研究したいのかをよく考えてみてほしい。
6. テクノロジーの進歩はすさまじく、だれにも止めることはできない。そのなかで、進化生物学者はテクノロジーを有効に活用していかなくてはならない。「なぜ、進化生物学を学ぶのか？」それは、進化生物学や生態学というマクロ生物学分野のさまざまなことが、新しいテクノロジーにより解明できる、本当に面白い時代がやってきたからである。

6 なぜ進化生物学を学ぶのか

6.1 進化の面白さ

進化生物学が社会に浸透し、重要な学問であると認知されることが少ないのはなぜだろうか？　ロマンを感じるほど遠いできごとであり、今のわたしたちの生活には全く関係のないことであると多くの皆さんが感じているのはなぜだろうか？「はじめに」では、このような問いを立て、第１章から第５章まで、わたし自身が進化生物学を学ぶ意味について考えてきた。そのなかでたどり着いたわたしなりの答えとして、「面白いから（第１章）」、「身のまわりの生物多様性の由来を知ることができるから（第２章）」、「わたしたちの未来を想像することができるから（第３章）」、「生物の本質を理解できるから（第４章）」、そして「進化の謎を解明する技術が身近にあるから（第５章）」と述べた（図6-1）。しかしながら、これだけではまだ、「はじめに」で示した最後の問いである「なぜ、進化生物学が現代社会にとって必要なのか」に対する答えとしては不十分である。このことについて、もう少し掘り下げて考えてみたい。

面白いから
（第１章）

身のまわりの生物多様性の由来を知ることができるから
（第２章）

わたしたちの未来を想像することができるから
（第３章）

生物の本質を理解できるから
（第４章）

進化の謎を解明する技術が身近にあるから
（第５章）

第６章の問い
なぜ、進化生物学が現代社会にとって必要なのか？

図6-1　なぜ進化生物学を学ぶのかについての、わたしなりの答え（第１章から第５章参照）。第６章では、なぜ進化生物学が現代社会にとって必要なのかを論じる。

まず、議論したいのは、進化生物学は、子どもたちが問題に対峙したときにそれを解決するための想像力と探求心を育むという点である。自然を学ぶことに違和感のない自分がどこで形成されたのだろうかと考えてみることがある。それは、おそらく大学のときの体

図 6-2　海で初めて釣果のあった日の息子（当時小学２年生）。釣れたハゼを料理して食べるところまで経験。この後しばらくの間、釣りにはまるのであった。2015 年 11 月 3 日芦田川河口にて（筆者撮影）。

験ではないように思う。高校生でも中学生でもない。わたしが小学生のとき、それは 1980 年代に相当するが、当時は子どもだけで川に出かけて遊ぶことに対して世間でもとやかくいわれない時代であった。札幌の外れにある家の近くの川にいっては、ザルを使ってトンギョ（北海道の方言で、トゲウオのこと）やヤツメウナギをつかまえて喜んでいた。なぜだかわからないが、他のことは忘れているのに、川のどのような場所でザルをゴソゴソと動かして魚をとったのか、40 年近く経った今でも映像とともに思い出せるのだ。たまにしかとれないヤツメウナギがとれたときに喜んだことも覚えている。残された印象と記憶とは不思議なものである。そのとき、とった魚に興味があったわけではない。とる作業そのものに面白みを感じていた。後でも述べるが、わたしは動物が特別に好きなわけでもなんでもなかった。ただ、気がついたときには自然の仕組みを学ぶことになんの抵抗もない自分が形成されていた。おそらくは、こうした小学生のころの楽しかった体験が影響したのだと思う。子どもたちにはなんらかの形で自然に触れてほしい。強制的に体験してほしいという意味ではない。子どもたちが自然を体験したいように見えたときには、親に後押しをしてほしいのだ。子どもの興味は移ろいやすいが、意思が見えたときに、それを見逃さずに親が行動を起こすと、記憶に残るとってもよい体験につながることがある（図 6-2）。まずは観るということが、科学においては大事なことで、そして観て感じたこと、考えたことを、また観ることで確かめる、これが科学的思考を育む大切なサイクルとなる。そうした経験は、自然の裏側にある進化の仕組みに気づく入口にもなる。子どものころの自然体験は生物多様性との共生への理解につながることや、好ましいと思われない動物であっても（ヘビやクモなど）、その生態系における重要性や絶滅危惧の状況などの教育が、その否定的な態度を変化させるうえで重要であることが指摘されている（Hosaka *et al.*, 2017）。

自然を観察するなかで、小学生に生物多様性が持つ意味をもっとわかりやすく説明できないだろうか？　その点で、進化の視点は魅力的な説明を与えてくれる。ただ違うということを説明するだけではなく、どうして、そしてどのように、その違いが生じてきたのかを過去にさかのぼって説明するのである。過去のことはわかるはずのないものだからこそ、子どもたちの見えないものへのあこがれを喚起する。わたしが「佐藤さんの研究はロマンがありますね」といわれるたびに、1人の社会的責任のある大人としてなにか居心地の悪さを感じるのだが、そうした冒険心は子どもたちにダイレクトに伝わる。そういう意味では、大人たちがロマンや冒険心を持ち続けることも大切だ。「どうしてアザラシは味を感じないの？　かわいそう……」という疑問があれば、「昔、海で生活するようになって味を感じる必要がなくなったからだよ。味を感じなくたって元気に生きていられるんだ。世の中にはヒトとは感じ方が全然違う生きものがいるんだよ」と答えたい。「島の動物は泳げないのにどうやって島まできたの？」という疑問があれば、「昔この辺りには海がなくて歩いてくることができたんだよ。地球の姿は変わり続けているんだ」と答えたい。そうした過去を想像して今見た現象を説明するためのひとつのアイデアを与えることは、子どもたちの想像力と理由を求める探求心を高めることにつながるのではないかと思う。

テオドシウス・ドブジャンスキーの有名な言葉がある。Nothing in biology makes sense except in the light of evolution. これは「進化の視点で見なければ、生物学のなにものも意味をなさない」という意味である。どの進化の教科書でも出会う有名な言葉である。進化生物学者のみならず、生物学者であれば、進化の視点を持つことで、自分のデータが魅力的に見えることがある。しかしながら、これまでの学校教育においては、進化生物学は軽視されてきた傾向にある。しだいに状況は変わりつつあり、生物多様性に関わる課題の解決に必要な進化生物学や生態学といったマクロ生物学の分野にも焦点があたるようになってきたが、現代社会を担うおおかたの大人たちはそうした教育を受けていない。学校の教科書は通常、事実にもとづきつくられる。事実とはなにかと考えたときに、それは「予測可能なこと」と考えられていたのかもしれない。もしそうであれば、進化生物学にもとづいてなにかの現象を予測することはむずかしい。歴史から社会がどうあるべきかを学ぶことができるが、歴史から未来を予測することはむずかしい。それと同じように、進化から生物多様性がどうあるべきかを学ぶことができるが、進化から未来を予測することはむずかしい。しかしながら、わたしたちがよりよい社会をつくるために歴史を学ばなければならないのと同じように、よりよい生物多様性の姿を理解するために進化を学ばなければならない。推定するしかない過去の事象については意見が異なることもあるだろう。しかし、そうした意見の違いも丁寧に説明したらよいではないか。「みんなはどう思う？」と子どもたちに問いかけてみるのがよいであろう。すべてのものごとに答えが用意されているわけではないが、必ず真実の過去はある。それを探求する気持ちを子どもたちには感じてほしい。そして過去から現在までの変化をもとに未来を想像してほしい。予測はできないかもしれないが、未来がどのように変化しうるのか、その可能性を想像することはできるはずだ。

進化生物学の分野に限らず、研究者の皆さんには研究の楽しさを子どもたちに伝えてほしい。昨今の研究者は、余裕がなく、少し疲れて見える。学生に心配されてしまうこともあるくらいだ。最前線で活躍したいと思う一方で、研究以外のさまざまなことに時間が割かれ、研究に集中できたとしても必ずしもうまくいくわけではない。そういったプレッシャーのなかで押しつぶされそうになりながら、もがいているのが研究者だ。しかし、それでもなにか新しいことが発見できたとき、それを論文として報告できたときは伝えようがないほど嬉しいものである。そんな一瞬のために日々の大変な時間を過ごしているともいえる。その過程をすべて楽しそうに見せるのは不可能であるし、楽しいことがすべてであると伝えることが子どもたちの教育にとってよいものとも考えられない。正直に、研究者という仕事はとても大変で、やりがいのある仕事なのだということ、だからこそうまくいけばとっても嬉しいということ、だれも知らない世界に一歩先にたどり着いたと実感できることを子どもたちに伝えていかなければならない。本流からずれてしまったが、ぜひ、研究者としての道が魅力のあるものであることを今一度、語っていきたい。進化生物学の研究も同じである。

6.2 生物の本質

大学で進化生物学を学ぶ意義はいったいなんだろう。多くの学生は進化生物学が卒業した後に属する社会とは無縁の学問であると感じているかもしれない。そのようななかであっても、わたしは大学生が進化生物学を学ぶことは２つの点で意義深いと感じている。１つめは、進化生物学が生物の本質、つまり自分自身を理解するために欠かせないということ、もうひとつは、進化生物学がこれからの社会に求められる課題、つまり生物多様性の損失や気候変動にどのように向き合っていくかを考えるうえで欠かせないということである。後者は次節で議論するとして、本節では、進化生物学が生物の本質を理解するのに重要であることを議論したい。

これまでの生物学の教科書は、マウスやショウジョウバエ、シロイヌナズナ、酵母、大腸菌などのモデル生物と呼ばれる“生物”の研究から得られた知見であふれていた。わたしが高校時代には進化生物学や生態学の部分は受験に出ないことを理由にしばしば取り上げられないこともあったため、こうしたマクロ生物学が“生物学”の本流から外れていたことはまちがいない。今も、“生物学”を学んだ年長者の言葉の端々から、進化生物学や生態学が“生物学”とみなされていないことをかすかに感じ取ることもある。もちろん、制御された人工的な条件下で見られる生物の普遍性は、生物の重要な一面を教えてくれる。しかしながら、モデルとなった生物は多様な生物のなかのほんの一握りの生物である。生物の本当の姿を理解するには物足りない。したがって、真の生物学は実際にさまざまな環境で息づく生物の生の姿から得られる知見であふれるべきだとわたしは考えている。これからの生物学においては、モデル生物の普遍性とは反対側の方向、つまり野生生物の多様性を学ぶことが、逆説的ではあるが、生物の普遍性を理解するうえでは大変重要な意味を持ってくる。生物の本質を知るとはそういうことなのだ。新しい生物学は、こうした伝統的な生物学と、野外の生物多様性のなかから見出すことのできる普遍性、そして、生物多様性そのもの、つまり生物固有性を学ぶ学問に成長するはずである（図6-3）。今後、生物多様性とその形成プロセスとしての進化生物学の言葉にあふれる魅力的な教科書が出てくることを期待したい。

ジャレド・ダイアモンドは著書『銃・病原菌・鉄』（2000）のなかで、「過去にあった事物を研究の対象とする歴史科学では、実験を通じてではなく、観察や比較を通じてデータを収集しなければならない。……歴史科学は、直接的な要因と究極の要因の間にある因果関係を研究対象とする学問である」と述べている。進化生物学もこれに似ている。観察と比較を通じて現象の究極の要因を想像することにこそ、人々を魅了する進化生物学の本質がある。「生物学は暗記の教科だ」という声を高校生からよく聞くことがある。たしかに、覚えるべき用語の数は、高校の理科の科目のなかでは生物学において非常に多い。これは、この数十年の生物科学における猛烈な進歩の結果であり、生物学が世界的にも魅力的な分野であることを証明する事実にほかならない。しかしながら、この急速な進歩とは裏腹に、覚えるべき用語が多いことと、暗記の学問であるという誤った認識から、高校において生物学を選択する生徒が少ないという問題がある。この状況を受けて、2019 年に日本学術振興会では、生物学における重要な用語を選定し、かつ知識ではなく思考にもとづく生物学を展開すべきであることが指摘された。わたしが思うに、英単語だけを見てもなかなか覚えられないけれども、ストーリーのなかで英単語の使い方を知ると少しは記憶に残るのと同じように、生物学の用語を覚えるためにはストーリーが必要である。そうした究極的な要因としてのストーリーを提供するのは進化生物学の果たすべき役割ではないかと思う。進化生物学を思考の助けとしてもらいたいのだ。たとえば、ヒトの視細胞のひとつの錐体細胞について、わたしは「青と緑と赤の光を吸収する 3 種類があるので覚えてください」といわれるよりも、事実かどうかはともかく「そもそも

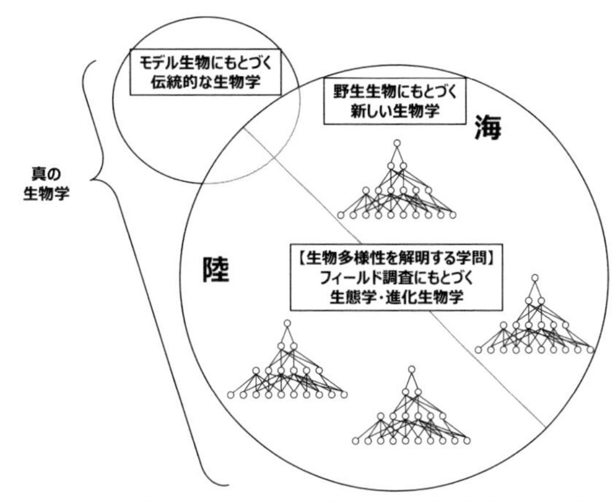

図 6-3　モデル生物にもとづく生物学と、野生生物にもとづく生物学のイメージ。本来は両者にもとづく生物学を真の生物学と呼ぶべきである。

哺乳類は夜行性で赤と緑の区別がつかないが、霊長類の進化の過程で昼間に活動するようになり、果実の赤と葉の緑を区別できる３種類の錐体細胞があったほうが生き残るうえでは都合がよかった。こうした考えもある」という説明を聞いたほうが、記憶に残る。一部の生物学の教科書ではこのような「進化の視点」の説明がある。こうした説明が増えるともっと生物学はわかりやすくなるのではないかと思う。わたしは生物学の根幹に進化生物学を据えるべきであると考えている。現在、高校の基礎生物学や生物学の教科書は、進化や生物多様性（あるいは共通性）の話題から始め、進化の理解に欠かせない遺伝子の解説も教科書の初めのほうに配置されている。この方向性は大変喜ばしく思う。

また、大学こそが生物の本質に迫ることができる最初の場所であると感じている。それは得た知識を体験によって確認できるからである。残念ながら、今の日本の高校生は受験のための勉強で手いっぱいであるため、大学こそが知識が本物となるための最初の場所であるに違いない。わたしは大学３年生を対象に、講義、実習、演習を通して、知識と経験を身につけてもらえることを心がけている。たとえば、講義では、第５章で説明したような PCR、サンガー法、次世代シークエンサーの原理について理解してもらい、実習では、キャンパス内の哺乳類や昆虫をサンプリングし、ミトコンドリア DNA をターゲットとした PCR とサンガー法による DNA 塩基配列の決定法を体験してもらう。そして演習では、分子系統解析プログラムを使った DNA 情報の解析手法を身につけてもらえるようにしている。次世代シークエンサーは卒業研究で扱う。こうした教育により、座学で得た知識を具体的な経験により定着させることができるのではないかと考えている。「The only source of knowledge is experience（知識の源は経験だけである）」というアルベルト・アインシュタインの有名な言葉がある。知識というのは体験をもとにして初めて身につくものである。大学生の皆さんには、進化生物学を利用しながら生物の本質を理解し、そしてその知識を、経験を通して実感し、本物の知識にしてほしい。

6.3 役に立つのか

わたしのような研究をしていると、一度はだれかに聞かれるものである。「その研究はなんの役に立つのですか？」と。一般的に、科学研究費を使った

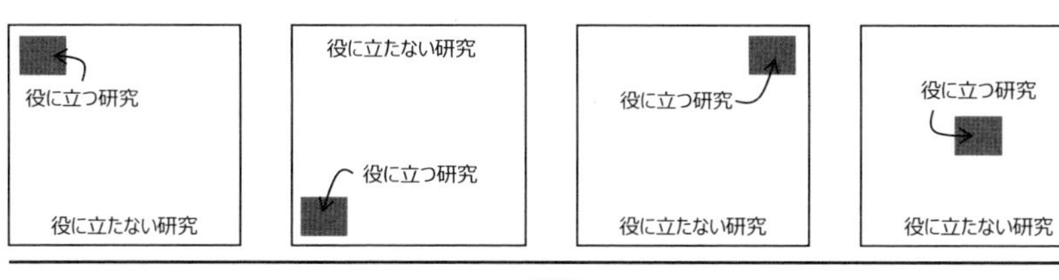

図6-4　役に立つ研究と役に立たない研究が時代とともに変わるイメージ。外枠の四角は研究分野の広がりを示す。そのなかで内側の小さい灰色の四角は、その時代により役に立つと思われる研究分野を示す（もちろん実際には1つではない）。その位置は、時代とともに変化する。小さい灰色の四角以外の領域は、その時代にはすぐには役に立たない研究分野を示す。

研究は今すぐに社会の役に立っていなければならないと世間の人々は考える傾向にあるのかもしれない。さらに、地方の私立大学では、それが「地域社会のなんの役に立っているのですか？」と聞かれる。わたしも目の前にいる一般の人々に自分はこんな研究をしているんですよと説明した後に、「世の中の役に立たない研究ですよね」などと、相手の同情を誘う心にもない言葉を自分自身でいってしまうこともある。しかし、本書では包み隠さず、持論を述べてみたいと思う。昨今、さまざまな記事で使われる持論という言葉は、「必ずしも賛同が得られていない独自の考え」という意味で使われることが多いように思うが、わたしの持論に少しでも賛同意見が増えることを願ってやまない。

まず、「役に立つかどうかで研究をするべきではない」。なぜならすべての研究のなかから役に立つ研究に焦点をあてると、そもそも研究の視野が狭くなってしまうのだ。また、役に立つ研究は時代とともに変化するため、少し先の未来のことであっても「役に立つかどうかなど、今の社会にはわからないことが多い」（図6-4）。役に立たない研究が、異なる時代に役に立つこともあれば、役に立つといい続けた研究が結局、なんの役にも立っていないこともある。社会はまず、すそ野の広い科学を受け入れる度量を身につけなければならない。今の社会のなかには、役に立つ研究をしなければならないという無言の圧力があり、研究者は研究費獲得のために自分の研究は社会にさまざまな貢献があることを説明する。もちろん、研究者が自身の研究の社会への貢献を説明すること自体はとてもよいことで、自分の研究が社会に対してどれほどの影響力があるのかを想像する努力は常に怠ってはいけない。そして、社会の役に立つ知見が得られたら、その知見を社会にお知らせすることはとても誇らしく喜ばしいことである。しかし、読者の皆さんには、今すぐに役に立つかどうかで研究を評価せず、一見、皆さんが見聞きした役に立たなさそうな研究が、皆さんにとってどのような意味を持つのかを「皆さんのユニークな視点」で考えてみてほしいのだ。さらに、研究者にはせっかく時間とお金と労力をかけて実施した研究を自己満足だけで終わらせず、どんな些細な基礎的な知見であっても、学界や社会に伝えることを忘れないでほしい。いつの日かだれかがそのユニークな視点でそのときの社会に役立ててくれるかもしれない。社会へのわかりやすい説明は、国民の科学に対する理解を深め、国が幅広い研究をサポートするための基盤になるのだと思う。一緒に科学の地盤をつくっていこう。

さて、これまでいかにも進化生物学が役に立たない学問であることを前提として話を進めていたように感じられたかもしれないが、世に有用な人材を送り出す大学で進化生物学を教えている立場からいわせていただこう。「進化生物学の知識と技術はこれからの社会の役に立つ」。少しだけ堅い話をしたい。2022年の生物多様性条約第15回締約国会議において、「昆明・モントリオール生物多様性枠組」が採択され、世界は2050年ビジョンとして「自然との共生」を掲げた。その理念は「自然の仕組みを基礎とする真に豊かな社会をつくること（環境省）」である。このビジョンの下、2030年に向けたミッションとして、ネイチャーポジティブ（自然再興）の実現を目指すこととなった。ネイチャーポジティブとは、「自然を回復軌道に乗せるため、生物多様性の損失を止め、反転させること（環境省）」である。現在の地球にはたくさんの環境問題が知られているが、そのなかでも地球の限界（プラネタリーバウンダリー）を超えている問題として、生物種の絶滅速度が速すぎることがあげられている（図6-5のGeneticおよび図の説明文を見ていただきたい；Rockström *et al.*, 2009）。現在は、脊椎動物の絶滅だけに着目しても、過去200万年の間の絶滅速度と比較して、100倍以上速い絶滅速度であると推定されている（Ceballos *et al.*, 2020）。ネイチャーポジティブには、こうしたネガティブトレンドからポジティブトレンドへの変換を図ろうという意図がある。生物の大量絶滅の時代にあるなかで、生物多様性の損失を止めるために、今まさに生物多様性を正しく評価できる人材が求められているのだ。その生物多様性の理解には生物多様性を生み出した進化生物学の知識が必要であるのはまちがいない。

この国際的な動向に合わせて、2023年3月31日、環境省から「生物多様性国家戦略2023-2030――ネイチャーポジティブ実現に向けたロードマップ」が

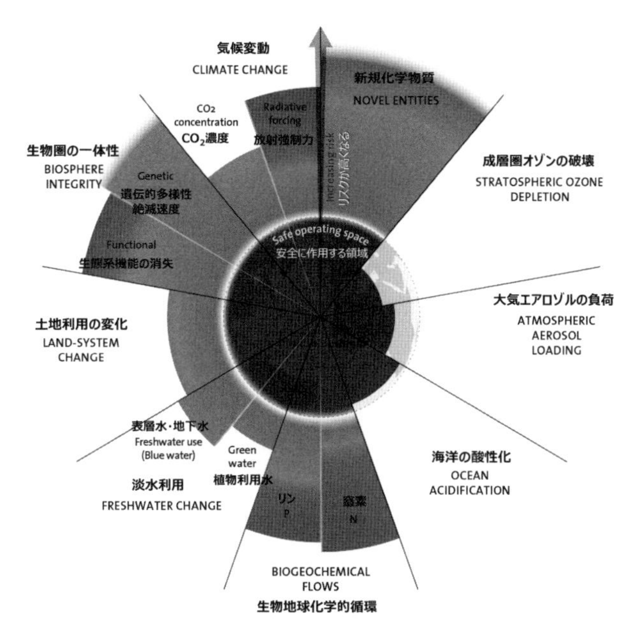

図6-5　2023年に公開されたプラネタリーバウンダリー（ストックホルムレジリエンスセンター）を改変（https://www.stockholmresilience.org/research/planetary-boundaries.html）。生物圏の一体性における Genetic は、遺伝的多様性の変化を示し、絶滅速度を評価している。絶滅速度は E/MSY（Extinction / Million Species per Year）、つまり1年あたり100万種あたり何種が絶滅したのかという指標を使って評価する。図のクレジット：Azote for Stockholm Resilience Centre, based on analysis in Richardson *et al*. (2023).

発表された。このロードマップは、生物多様性の保全に向けて、いかに自然を守り、そして利用していくのかを国民に説いた国の戦略である。そのなかで、今後、企業が生物多様性の配慮を経営に取り込むことや、生物多様性の配慮に関する目標設定、情報開示をおこなうことが方向づけられている。また、生物多様性の保全に資する技術、製品・サービスを提供する企業と市場規模を拡大する目標も掲げられた。多くの方が属することとなる産業界において、事業そのものが自然環境と直接的に関わることがなくとも、今や多くの企業が社会的責任（Company's Social Responsibility; CSR）として、生物多様性に配慮した持続可能な社会を形成するための企業のあり方を公表している。この先、どの分野で生業を持とうとも、生物多様性の問題を避けて通ることのできない時代になっているのだ。したがって、大学時代に生物多様性を学ぶ意義は大変に大きい。生物多様性とそれを構成する生物種間の関係性は長い進化の過程で築かれてきたものである。その生物多様性のメカニズムを理解するためには、進化の視点が欠かせない。持続可能な社会の形成を目指すこれからの時代に進化生物学は必須の学問である。

6.4 危機にある社会

なぜ、人々は生物多様性の危機に対して他人事なのだろうか？　それは、自分に関わる危機について具体的に感じることができていないからである。ジャレド・ダイアモンドは著書『文明崩壊』(2005) のなかで、これまでに崩壊したさまざまな文明を比較分析し、なにが文明崩壊をもたらしたのかを議論している。その結果、どの文明が崩壊する過程においても、環境問題への社会の対応が重大な要因であったことを示して、次のような問いを投げかけている。「過去のいくつかの社会は、自分たちの陥りつつある窮地、しかも振り返ってみれば明らかであったはずの窮地になぜ目を向けなかったのか？」、そして「後世の人間の目で見るとあまりにも明らかな危険を、社会がどうして見逃すことができたのか？」つまり、人々は、身のまわりで起きている小さな変化に気づくことに失敗しているのだ。そして気がついたときには取り返しのつかないことになっていたということになる。しかし、そうした小さな環境の変化に気がついていたとしても、はたして長期的な視点を持って、ずいぶんと先のことを見通しながら、この小さな環境の変化がもたらす結果を予測することはできるだろうか？　生物多様性の行く末は、簡単に予測できるような代物ではない。歴史と同じように進化で未来を予測することはむずかしいことは述べた。しかし、そうであったとしても、わたしたちは今ある理論と証拠にもとづいて未来を想像していかなければならない。ジャレド・ダイアモンドは、以下のように述べている。「ちょうど問題が顕在化してきて、けれどまだ危険な局面には至らないような時点で、長期的な思考を実践する勇気と先見性のある大胆かつ明確な決断を下す勇気を要する」と。まさに今がその時点である。

現在は、人新世（ひとしんせい、じんしんせい Anthropocene）というひとつの地質年代の名称で呼ばれることがあり、すでに地球環境に与えるヒトの影響が大きな時代であることに、わたしたちは気がついている。そして、世界的

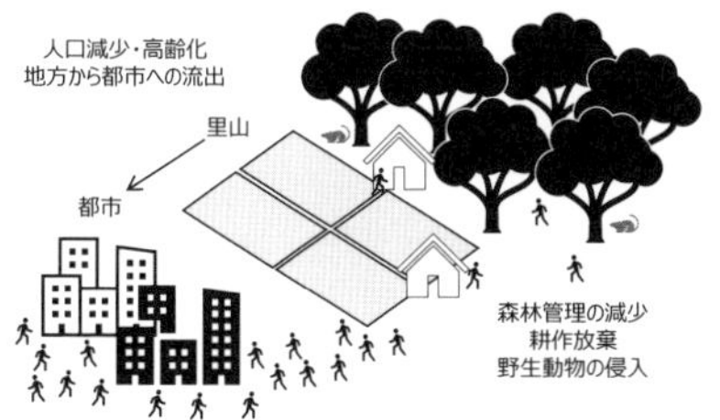

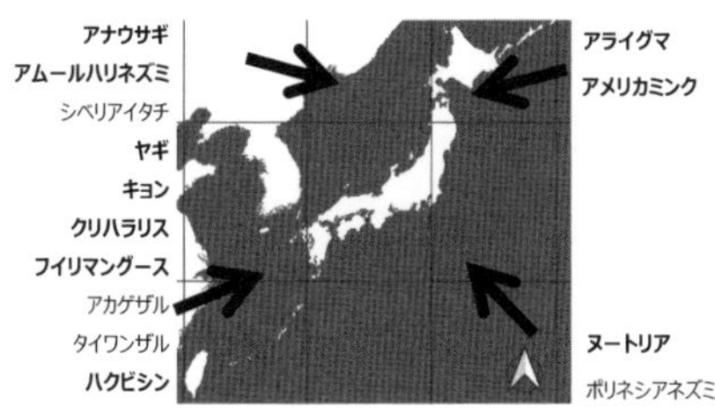

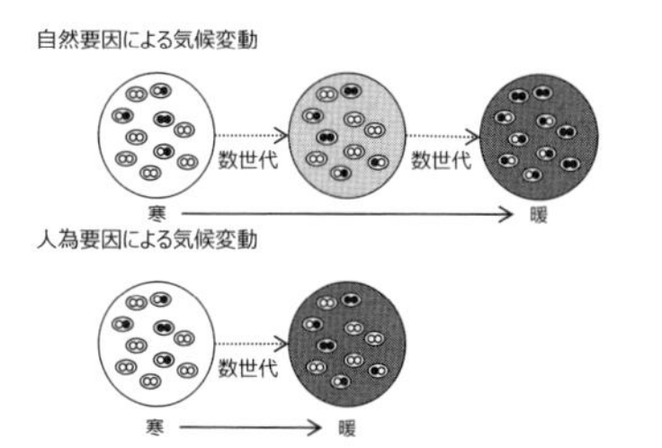

図6-6　4つの危機と進化の関係。(A) 第一の危機。道路の分断化により野ネズミの交流が減少するイメージを示す。(B) 第二の危機。人口減少、高齢化、都市への人口流出により、里山の人口が減少し、自然の管理の担い手が少なくなることを示す。(C) 第三の危機。外来種の移入を示す。和名は国外から導入された外来哺乳類であり、太字は同属の近縁種が日本に存在しない哺乳類である。(D) 第四の危機。自然要因と人為要因による気候変動の変化の速さの違いにより、人為要因による変化に生物の進化が追いつかないことを示す。黒型遺伝子が暑さへの耐性遺伝子とする。外枠の大きな丸の色は白が寒い環境で、色が濃くなるほど暖かい環境とする。人為要因による気候変動では、暖かい環境において、暑さに耐性のある黒型遺伝子の数が少ないため、変化する環境に適応しきれていないことを表現している。

にも、生物多様性を保全しなければならないという機運がかなり高まっている。前節で述べた国家戦略では、生物多様性が直面する4つの危機が詳述されているが（図6-6)、はたして、わたしたちはこれらの危機を乗り越えることができるだろうか？　それらの危機の理解には進化の視点が必要である。

第一の危機は、開発など人間活動による危機である。たとえば、森林を切り開き農地にするなどの土地を改変することや生物を直接採取することで、野生生物の生存が危ぶまれる。瀬戸内地域に関していうと、高度経済成長期やそれ以前には中国山地に「はげ山」が多かったことが知られている。古くは製鉄業や製塩業という地域の特色を背景に、木材が燃料として持続不可能なほどに利用されていたことがひとつの原因である。多くの動物の生息地が奪われたであろうし、その生息地は分断化されたであろう（図6-6A)。本書の読者であれば、森が孤立することで、そこに住む生きものの集団にどのような遺伝的な影響が生じるのか進化の視点から想像できるであろう（図2-4）。わたしたちはなにかをつくりだすとき、野生生物の移動に影響を与えないことは少ない。野生生物の未来を考えたとき、わたしたちがつくるものがどのような影響を与えるのかをこれまでに得られた進化の知見に照らし合わせながら想像していかなければならないのだ。

第二の危機は、自然に対する働きかけの縮小による危機である。第一の危機とは反対に自然に働きかけないことで生じる生物多様性の危機である。わたしたちが住む居住地と森や海との間には、里山・里海と呼ばれる場所が存在する。このような場所には、複数の生態系が複合的に存在することで（農地、ため池、森、川など）、ひとつの生態系だけでは生きていけない多くの野生生物が生息できるようになる。たとえば、幼体のときに水田に生息し、成体になると森に戻るカエルもそうだ。こうして、里山と里海は人々の生活がありながらも、豊かな生物多様性を維持できる場所、つまり「保護地ではないものの自然共生を実現できる重要な場所」として注目されている。しかしながら、注目されつつも人口減少や高齢化、そして都市への人口の流出により、里山と里海が失われつつあるのが問題なのだ（図6-6B）。わたしは、広島県尾道市の因島という島において、果樹園の近くの森に生息しているアカネズミの食性をDNAメタバーコーディング法で調べたことがある（Sato *et al.*, 2022）。森と民家の境界にある里山環境でアカネズミがどのような生態的な機能を持っているのかを理解しようと試みたのである。その結果、ブナ科の木がつくる堅果（ドングリ）を食べることやブナ科の木に被害をもたらすマイマイガを食べることなど、アカネズミが森の維持に関わることが見えてきた。さらに、蛾やカメムシなど、果樹園に被害をもたらす昆虫類を食べていることもわかった。つまり、アカネズミはヒトと自然を結びつける里山の生態系に組み込まれていたのである（図6-7）。このようなヒトと森、そして野生生物との関係性が日本のさまざまな里山生態系で長い時間をかけて築かれてきた。しかしながら、時間をかけて築かれた進化のたまものとしての豊かな生物多様性を、わたしたちはわずか数世代の社会的な変容をもって失おうとしているのだ。今、わたしたちの周囲に維持されているあたりまえのような環境が長い進化の結果であることに思いを馳せなければならない。失うのは簡単だが、再び得るのはむずかしいのだ。

第三の危機は、人間により持ち込まれたものによる危機のことで、外来種や人間がつくりだした化学物質による汚染の問題である（図 6-6C）。外来種については、もともといなかった生きものが、ペット、食糧、毛皮などさまざまな産業のために持ち込まれ、それがなんらかの理由で野外に放たれたことで、土着の生きものに影響を与える

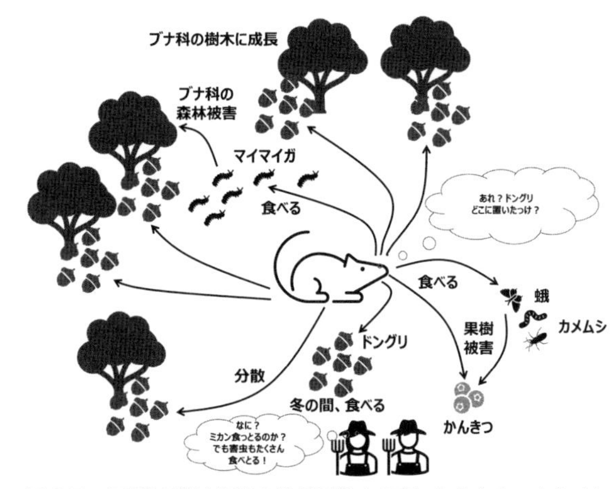

図 6-7　広島県尾道市因島の果樹園近くの森に生息するアカネズミの食性。里山生態系におけるアカネズミの役割を示す（Sato *et al*., 2022）。

ことが問題となっている。ではなぜ定着するのだろうか？　どうやら進化的に近縁な種がいない場合に外来種は定着し、侵略的外来種になりやすいようだ (Strauss *et al*., 2006)。第 2 章では、進化的に遠縁なイタチ科の動物（ニホンテン、ニホンイタチ、アナグマ）やリス科の動物（ムササビ、ニホンモモンガ、ニホンリス）は、本州において同じ分布域を持つことを説明した。つまり、進化的に遠い関係にあると、求める餌や生息地が異なるため、ニッチが重複せずに、共存できるのだ。対照的に、進化的に近い関係であるとニッチが重複してしまう。したがって、外来種と進化的に近縁な土着の生物が存在すると、餌や生息場所をめぐって競合する。イタチ科のニホンテンは毛皮産業がさかんであった戦前に北海道に導入され、戦後に野外に放たれた国内外来種である。北海道には、ニホンテンと近縁であるクロテンが自然分布している。現在、石狩低地帯をはさんで西側にはニホンテンが、東側にはクロテンが分布していることから、競合があることが疑われている。一方で、土着の生物と比較して進化的に遠い関係の外来種は“使われていない生態系の隙間”に入り込むように定着する。日本にはアライグマ科の生物は存在しない、ヌートリア科の生物は存在しない、そしてマングース科の生物は存在しないのである。そうした生物が生態系を壊していく。つまり、外来種が導入された後の未来を想像するためには、進化の視点が必要となるのだ。とにかく、せっかく長い間、その地に合わせて

進化してきた生物にとっても、新しい環境にさらされるのは迷惑な話である。どのような理由であれ、人間の都合と単純な思考だけで、生物を移動させてはいけない。

最後は、第四の危機、つまり地球温暖化など気候変動に代表される地球環境の変化による危機である（図6-6D）。第3章で見てきたように、過去の地球は、今、問題とされているような地球温暖化よりも大きなスケールで温度の変化を経験してきた。そのなかで、環境変動が新しい系統の出現を促進するなど、進化の面で大きな役割を果たしてきたことを説明した。新しい大陸への大移動も起きたであろうし、更新世の氷期・間氷期のサイクルでは、何度も南北の移動をするなかで、新しい系統が生まれてきたことであろう。しかし、今、現代社会で問題とされているのは、人為的な要因で起こる気候変動が自然要因による気候変動のスピードを超えているということである。島に隔離された生物や、山頂に隔離された生物、つまり移動に制限のある生物は温暖化の影響をどのように避ければよいのだろうか？　そうした変化への進化的な対応は間に合うのだろうか？　進化は世代を超えた変化である。集団が環境の変化に対応できるまでには時間がかかる。第3章で説明した大きなスケールの進化時間で見た変化も、実はゆっくりとした変化なのである。たとえば、さまざまな形態や生態を持つ系統を生み出したイタチ科の亜科の適応放散は1500万-1000万年の間に起きている。およそ7系統が生じるのに500万年かかったという計算である。もちろん絶滅した系統も数多く存在したであろうから、仮に50系統が生じていたとしよう。そうだとしても、1系統が生じるのに10万年かかることになる。500系統でも1万年だ。たとえ、気候変動がもたらした適応放散と解釈されているとしても、ゆっくりとした時間のなかで、進化が起きてきたのである。わたしたちが問題としているのは産業革命以降に急速に変化してきた、たかだかここ数百年の気候変動である。人間がもたらす現代の視点から見た急速な気候の変動に自然が追いついていない。こうした状況を理解するためには進化が起こる時間スケールを感じることができなければならないのだ。

このように、生物多様性をめぐる4つの危機の理解には、進化生物学の視点が欠かせない。わたしたちは、進化の視点、つまり、長期的な視点を持って、未来に生じるであろう問題をうまく想像しながら、それを解決するための方策とそれを実践・決断する勇気を持つ必要があるのだ。

6.5 進化生物学と歩む

前節までを振り返ると、進化生物学は、子どもたちを魅了し、生物学を統合的に理解するための大きな役割を持ち、これからの社会を生きるために有益な知識であり、そして生物多様性の危機を回避する社会を形成するために身につけるべき必須の学問であることがわかった。最後に、もう少し身近な話題として自然と社会との関わりの側面から進化生物学の役割について考えたい。

今皆さんがいる場所から森は見えるだろうか？　その森のなかのことを少し想像してみていただきたい。その森にはいったい何種類の生きものが何個体存在するのかを。そして、その生きものどうしの間でいったいどれほど多様な相互作用があるのかを。地域のたった1ヵ所の生態系を考えただけでも、わたしはかなり複雑なものであると感じてしまう。はたしてわたしたちにその生態系を“理解すること”はできるのであろうか？　わたしたち地球人は2050年までに自然と共生する社会を形成するという目標を立てた。皆さんが大学生であるならば、今から26年後、組織に影響力を持つ立場になっている人たちも多いであろう。「自然と共生する」とはいったいどういうことなのか？　それを理解しておかなければならない。そのためには、なんとかこの複雑な生態系を少しでも解きほぐしていく必要があるのだ。

まずは、なぜ、生態系を理解しなければならないのかを考えてみよう。生態系には、生態系サービスという恵みが存在する。基本的には、4つの生態系サービスが知られている。食糧や木材、繊維などモノを提供する供給サービス、水源涵養や微気候の調節、災害の抑制などの機能を提供する調整サービス、森林浴など人々の精神面によい効果をもたらす文化的サービス、そして生物多様性を維持する基本的な生態系の機能を提供する基盤サービスである。こうした生態系の恵みは、基本的物質、安全、健康をはじめとした人々の福利のために欠かすことのできないものと考えられている。このような自然の恵みは直接的に利用する価値を持たないものが多く、また、公共財や共有資源として他人の利用を排除できない性質を持つものであるために、わたしたちは無意識のうちにそうした価値あるものを無償で得てしまっているのだ。概して無償で得たものに対するわたしたちの態度は注意深いものではない。その結果、生態系は知らず知らずにわたしたちの影響により変化し続けている。わたしたちはもっと自然の恵みに目を向けなければならない。今の言葉を使えば、自然資本の価値を認めなければならない。

昨今、ヒトの健康は、生態系の健康のなかで考えなければならないという考えが増えてきた。ワンヘルスという考え方もそのひとつである。ヒトの健康は、動物の健康と、環境の健康と密接に関わっているため、これらをひとつの健康とみなそうという概念である。多くの人々は、アカネズミが裏山でどのように暮らしていようと自分とは関係がないと考えているかもしれない。そもそもアカネズミの存在すら知らないのがほとんどだろう。残念ながら、人々は自分に関わるものにしか関心がない傾向にある。しかし、わたしたちも自然の一部であり、自然と無関係ではいられない。アカネズミの祖先が日本にやってきたのは、縄文人が渡来するよりもずいぶん前の話である。それからというもの、アカネズミが堅果を介してブナ科の植物との間におたがいの利益となるような関係を結んできた。そして日本列島の豊かな森林生態系を維持することに貢献してきた。そうした森が日本の豊かで固有な野生動物たちを育んできたのだ。そのような豊かな自然のなかで、縄文人は暮らしを始め、自然環境の一部を資源として利用してきた。その持続可能な森は、きっとヒトが生きるための恵みを得るうえで役に立っていたのであろう。

裏山からアカネズミがいなくなったら、わたしたちの生活になにが起こるだろうか？　堅果を分散する生きものが少なくなることで、次世代のブナ科の樹が少なくなるかもしれない。それによって、森が衰退し、森が持つ恵みが得られなくなるかもしれない。水源涵養や微気候の調節の機能が劣化するかもしれないし、果樹に被害を与える無脊椎動物が増えることで、農家の生活に被害がもたらされるかもしれない。森が維持されなくなることで川を通して海へ栄養分が届かなくなり、海の生態系も悪化するかもしれない。その結果、利用できる資源も少なくなり、人々の健康が損なわれることになるかもしれない。かもしれない、かもしれない、かもしれない。読者には頼りなく聞こえるであろう。しかし、そうした未来への想像力が大切なのである。この想像を少しでも予測に変えていこうと努力するのがこれからの科学者の責務である。ワンヘルスの観点から見てみると、アカネズミの健康、森の生態系の健康を維持する生活をすることによって、わたしたちの生活も持続可能になることを想像することができる。長い進化の過程で築かれてきたアカネズミと森との関係性を無視することは、わたしたちが生きるうえでもリスクがあると感じられないだろうか？　最近のわたしたちの野ネズミの糞中 DNA の分析では、青森県のリンゴ園に被害をもたらすハタネズミが、刈り取りをしていた雑草をたくさん食べていることがわかった（Murano *et al.*, 2023）。つまり雑草を除去することで、より多くのリンゴの被害が生じることが予想されるのである。わたしたちがよりよい生活をするためには、そうした野生動物との関わりを今一度しっかりと明らかにしていく必要がある。

科学者として正直に、そしてはっきりと書いておこう。今の段階では、生態系の動態をはっきりと把握することはできない。しかしながら、わたしたちは、そのような複雑な生態系を解読するための技術をしだいに獲得しつつある。第 5 章で紹介した環境 DNA 技術（食性分析のための DNA メタバーコーディング）はその一例である。どの動物がいつなにを食べているのか？　どういった環境のなかでそうした生物間の相互作用があるのか？　そのようなことが少しずつわかってきている。もちろん遺伝的な分析だけではなく、安定同位体分析やバイオロギング、カメラトラップなど他の生物多様性の仕組みを明らかにする技術の成長も著しい。わたしたちは決してまちがった方向に向いてはいない。そうした技術革新の延長線上に生態系の理解があると信じたい。それぞれの研究分野における技術革新とその研究分野の深化が「自然との共生」の実現のために重要である。未来の自然共生社会の想像から予測へと少しでも近づくことができるよう科学者たちの一層の努力が求められる。

わたしたちの社会は刻々と変化している。日本が直面する大きな社会構造の変化としてあげられるのは人口減少と超高齢化であろう。今後、日本の人口は減り続けながら、地方中核都市に社会機能を集めたコンパクトシティに人々が集まるという考えがある。そうなると、バッファーゾーンとしての里山や里海は減少を続けることが想像されるため、都市とその周囲の生態系との関係性を明らかにすることはますます重要になってくる。過去の研究では、都市化とともに、生物集団が孤立することで遺伝的浮動の効果が高まり、遺伝子流動が制限されることで生物集団の遺伝的分化が進むことが指摘されている（Johnson and Munshi-South, 2017）。進化は都市化というとても短い時間スケールでさえも起こりうるということがわかってきた。瀬戸内海の島に孤立したアカネズミの集団で見られた遺伝的な影響が短い時間スケールで生じるのである。富士山に敷かれた道路が野ネズミの遺伝的多様性に影響を与えることもわかってきた（Sato *et al.*, 2020; 佐藤, 2023）。世界に目を向けても、今後、世界の人口増加と新興国の経済発展を背景に世界の人々が都市に暮らすようになるであろう。読者の皆さんも、ぜひ、進化の視点で社会の行く末を想像してみてほしい。

医学の分野においても進化の視点は重要である。特に超高齢化社会に突入する日本においては、医療費を抑えるためにも、医者にかからず自分自身の身体を知ることで予防できる社会が必要なのだ。ダニエル・リーバーマンは著書『人体600万年史』（2017）のなかで、現代社会は「進化のことを考えそびれているために、予防可能な病気を予防できなくなっている」と述べている。たとえば、糖尿病や高血圧はわたしたちの身体の性質と社会環境とのミスマッチで生じる現代病である。わたしたちの身体は狩猟採集民のままであり、生きるうえで必要な糖や塩分を簡単に外に逃さない仕組みを持つのだ。狩りに成功しなければ、栄養分を得ることができない、わたしたちはそういった飢えとの闘いのなかで、生き残った人たちの子孫なのである。農耕が始まり、必ずしも食糧生産に関わらなくとも生きていくことのできる人々があらわれ（わたしもそうだ)、その末に、現代はフードロスの問題が叫ばれるほどに飽食の時代となった。手を伸ばせば簡単に糖と塩を得ることができる。そして、狩猟採集民の身体を持つわたしたちの脳は味覚を介して“栄養分”をとりたいと思ってしまう（第4章)。そうした社会環境と身体の要求とのミスマッチが現代病を引き起こしている。ダニエル・リーバーマンはそれをディスエボリューションと表現している。読者の皆さんには、進化の視点で自分自身の身体を理解して、よりよい健康な毎日を過ごしてほしい。きっと健康的な生活は、心に余裕をもたらすため、自然と共生する社会を形成するうえでも効果的に働くであろう。

このように進化とともに生物多様性やわたしたち自身のことを理解することは、わたしたちの健康や未来の自然共生社会の形成にとって重要なことである。しかし、気をつけなければならないのは、今見ることのできる生物多様性は進化の過程の一断面にすぎないということである。その切り取った断面は刻々と変化していくのだ。その変化の時間スケールは1年や2年の短いものかもしれないし、数世代にもおよぶ長いものかもしれない。ときには数百年、数千年、数万年の傾向を理解する必要が出てくるかもしれない。地球温暖化や外来種の侵入など、わたしたちの社会が置かれる環境は時間とともに変わっている。生

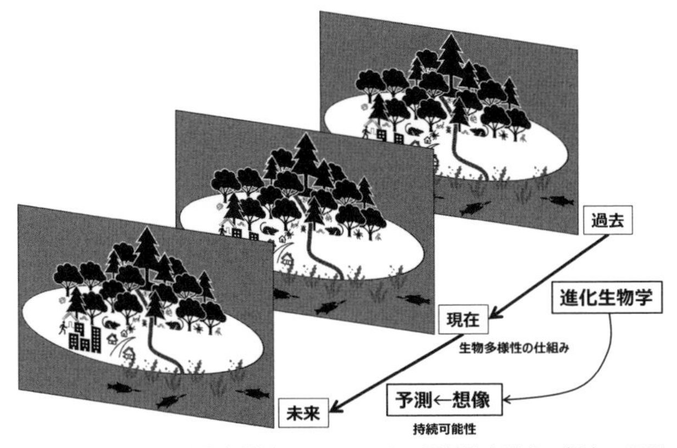

図6-8　変化する生物多様性とわたしたちの関係性を進化の視点で理解するイメージ。生物多様性の姿は刻々と変化している。過去（進化生物学）を学び、未来を想像・予測することが重要である。

物間の相互作用そのものも変化し続けている。変わり続ける生物多様性を適切に理解するためには、時間軸、つまり進化の視点がどうしても必要なのである（図6-8）。過去から現在までに見られた傾向は未来にどのようにつながっていくのか？　過去の証拠と理論にもとづくたくましい想像力が必要である。「なぜ、進化生物学を学ぶのか？」。それは人々が自分自身を理解し、未来を想像しながら、現代社会を生き抜くために必要な学問だからである。

6.6 第6章のまとめ

1. 進化生物学は面白い。子どもたちには、今ある生物多様性の姿に至った過程を理解することで、なにごとにも理由があるのだという想像力と理由を求める探求心を持ってもらいたい。大人もその面白さを感じ、そしてそれを伝え続けてほしい。生物学のなかでこれほど想像力をかき立てられる分野はないであろう。
2. これからの生物学においては、野生生物の多様性をより深く学ぶことで普遍性を探ること、そして多様性そのものを理解することが大切である。生物はモデル生物だけで理解できるものではない。学生には、ぜひ、進化生物学を利用しながら、知識と経験の両面で、生物をより深く理解するように努めてほしい。

3. 役に立つかどうかで研究を選んではいけない。役に立つかどうかはわからないことがほとんどであり、役に立たない研究が数年後に役に立つかもしれないし、役に立つといい続けた研究が結局、なんの役にも立っていないこともある。一方で、進化生物学に関する知識と技術は、生物多様性を保全し、うまく利用しなければならない現代社会を生きるうえで、役に立つのはまちがいない。
4. 生物多様性が直面する危機として、開発など人間活動による危機、自然に対する働きかけの縮小による危機、人間により持ち込まれたものによる危機、そして地球温暖化など気候変動に代表される地球環境の変化による危機がある。これらすべての理解において、進化生物学の視点が必須である。わたしたちは、これらの危機に適切に対処し、未来を想像していかなければならない。
5. 裏山の森のなかでひそかに繰り広げられる生きものたちの息遣いにどれだけ関心があるだろうか？　小さなネズミの役割ひとつとってみても、わたしたちの生活と深い間接的な関わりがあるのだ。都市化や人口減少、高齢化などの社会的な変容を理解しながら、わたしたちと自然との関係性を今一度、見つめ直さなければならない。
6. 「なぜ、進化生物学を学ぶのか？」それは自分自身と生態系を理解し、自分たちの未来を想像していかなければならないからである。進化生物学という過去から現在までの知見を使って、未来を想像しながら、皆さんにはたくましく現代社会を生き抜いてほしい。

おわりに

仕事がら、よく「子どものころから生きものが好きだったのですか？」と聞かれる。そう聞かれるたびに、ばつが悪い気持ちになってしまう。実はそうでもないのだ。昔、実家で飼っていたイヌがいた。イヌの祖先であるオオカミは群れで暮らすため、自分とその周囲の個体間に序列をつくる。その性質は家畜やペットとして飼育するうえでは大変重要であった（ジャレド・ダイアモンド『銃・病原菌・鉄』)。彼の順位づけでは、わたしは家族内で最下位であった。基本的に生きものは怖かった。今でもその感覚はある。北海道大学を選んだのも、生きものが好きだったからではなく、北大合唱団という男声合唱団にあこがれていたという別の理由からであった。父親は自然が大好きであるため、わたしが幼いころから自然に染められていた感はぬぐえないものの、特別生きものが好きなわけではなかった。わたしが哺乳類の進化に興味を持ち始めたのは、大学4年生のころで（2年浪人したので23歳)、そのころもまだわたしの頭は合唱団一色で染まっていた。ある有名な植物生態学者に「君はなにをしているんだい？」と聞かれて「バリトンです」と答えたほどだ。しかし、当時アルバイトをしていた小さな居酒屋のオーナーから「好きなことは1つにしたほうがいいよ」と助言をいただいて、なぜかそれが心に響いた。大学院に入り、ものごとに熱中しやすいわたしはようやく目が覚めたように哺乳類の研究に熱中した。

なにがいいたいのかというと、なにかに熱中するのに人生におけるステージは関係ないということだ。それまでなんの興味がなくても研究を始めることができる。やってみると好きになることもある。「子どものころから生きものが大好きだった」などと、自分の今を意味づける必要など全くない。大切なのは今の本気度である。自分の足跡に臆することなく自分が感じた不思議を明らかにしたいとどれだけ本気で、そしてどれだけ長期的に考えることができるのか。それが、研究者として持つべき一番大切な気持ちである。しかしながら、研究に本気であっても、長期的にものごとを考えることができないのが今の日本のよくない研究事情である。ちょっとスタートの遅かったこんなわたしでも曲がりくねりしながらも研究を続けてこられたのは、技術職員になった26歳のときから20年ほどかけて同じ方向性の研究を続けることができたからである。そういう意味では、わたしの研究人生はなかなか運がよい。また、「生態学者はかくあるべきだ」とか、「遺伝学者はかくあるべきだ」とか、「形態学者なんて」とか、「DNAを扱う奴は」とか、「フィールドに出ない奴は」とか、自分を狭い領域にしばりつけることも、研究人生をつまらないものにするだけなのでやめよう。自由な発想で、ときに全く異なる分野に身を置くことも、セレンディピティと出会うチャンスかもしれない。もっというと、研究の対象となる生きものを好きになる必要もない。つまり研究にふさわしくない研究者の気質はそれほど多くは存在しない。なにを明らかにしたいのか？　どれほど本気で突き詰めたいのか？　その疑問と気持ちだけが重要なのだ。

これまで多くの皆さんに支えられながら、研究を続けることができた。特に、恩師である北海道大学地球環境科学研究院名誉教授の鈴木仁先生には、わたしが進化のメカニズムさえもわかっていなかったころから、研究とはなにか、哺乳類とはなにか、進化のなにが面白いのか、論文の執筆はなぜ重要なのかなど多くのことを教えていただいた。教育と営業に多くの時間を割かれる地方の私立大学で論文を書き続けることは結構大変である。なんとなく教育をしている自分に満足してしまったり、研究のできない自分は余計な仕事のせいだなどといいわけをしたくなることも多いのだが、論文の執筆にこだわってここまで研究を続けることができたのは、鈴木先生の指導のおかげである。わたしが福山大学で働き始めた後も、学位の取得や共同研究で親身なサポートをし続けていただいた。いつも北大に帰ると、わたしが理解するしないにかかわらず、ホワイトボードに最新の研究を紹介してくれて、意見を求められるという機会を与えてくださった。鈴木先生の存在なくして、研究者としてのわたしはいなかったのはまちがいない。この場を借りて深く感謝したい。

海外の研究者との交流は、島国では得ることのできない多様な意見を得ることができる。わたしが得たなかで最も大きいのは、ポーランドの共同研究者であるMieczslaw Wosan教授の言葉である。それは「面倒であると感じたときには、その面倒な方向に正解がある」という指摘であった。要するに、真正面からぶつかり解決していくしかないということだ。越える前にはあれほど高い壁に見えたものでも、越えた後には壁があったことすら忘れてしまう。そもそも研究が大変であるということは、楽しむべき人生の一部なのだ。実験を外注したり、フィールド調査や面倒くさい統計解析を共同研究者に任せたり、論文は書かずに著者の１人になる程度の貢献をしようとか、そんなことを考えていないだろうか？　きっと楽しむべき人生を気づかずに失ってしまっているかもしれない。人生は大変だ。大変でなければ人生は楽しくない。自ら動くという楽しみを失わずに身の丈に合った研究をするのも、研究者としてのひとつの生き方ではないかと思う。どうか若い人には面倒くさいことにどんどん挑戦してほしい。人が嫌がることのなかに、きっと皆さんの生きる道があるかもしれない。なぜなら、他の人たちはそれをしないから。

家族にも感謝したい。音楽という研究畑とは全く異なる世界で生き、系統樹をいまだにトーナメント戦と勘違いしている妻からはいつも斬新で、わたしが思いもつかない発想をもらうことができている。また、息子からは、いつも印象に残る言葉をもらっている。これまでにもらった言葉のなかで最も衝撃を受けたのは、10年以上前にもらった、「パパ〜、また遊びにきてね〜」である（同居人である）。それはさておき、高校生になった息子からもらった印象的な言葉は、「読んでいる人たちにわかってもらおうとする努力が見えない本は読む気がしない」である。もし本書にわかりやすい点が少しでもあったとするならば、それは息子のおかげである。

福山大学の学生たちにも、学生目線から貴重な意見をもらった。甲斐向日葵さん、松村洸佑君、川辺透也君、世良智也君には「わからないところがあったら自分が悪いのだと思わずに、佐藤の説明が悪いのだと思いながらコメントをほしい」とお願いした。その結果、学生の視点で大変率直で有益なコメントをいただいた。ここに感謝したい。

東京大学出版会編集部の光明義文さんにも感謝申し上げたい。ずっと単著で本を書きたいと思っていたところ、本当によいタイミングで、執筆の依頼をいただいた。本を通して、思いを伝えることはなんて素敵なことなんだと感謝を噛みしめながら執筆した。光明さんからは、いつも励ましをいただいたこと、そして本の方向性や内容についての鋭い指摘と提案をいただいたことに大変助けられた。本書を世に送り出すことができたのは、光明さんのおかげである。

最後に感謝申し上げたい。

いろいろな本を読むと「あとがき（おわりに）」を書いた場所がさまざまであり、カッコいいなぁと感じることがある。しかし、なんだか時間もなく、結局は学生とともに研究をしてきたいつもの研究室で執筆を終えるほうがいい気がしてきた。さて、皆さんは今どこにいるだろう。皆さんのまわりには発見を待ちわびている進化の痕跡がたくさんあるはずである。そして皆さんの力でそれらを発見することで、社会がより成熟していくことはまちがいない。ここはわたしを信じて進化生物学を深く学んでいただきたい。本書が特に若い人たちに刺激を与えることになれば幸いである。全く好き放題書いたものであると感じるが、批判は甘んじて受け入れたい。すべての文言にはわたしの責任が込められている。

2024年5月13日 三蔵の丘にて

佐藤　淳

さらに学びたい人へ

本川雅治編（2016）『日本のネズミ──多様性と進化』東京大学出版会

本書でも頻繁に取り上げたアカネズミを含めて、日本のネズミ類の進化（DNA、化石、形態、集団遺伝）、生態（生息地、採餌、社会行動）、ヒトとの関わり（ハツカネズミ、人獣共通感染症）、そして実験動物としてのネズミ（アカネズミ）についてそれぞれを専門とする研究者が最新の知見を紹介した本。日本のネズミの研究全般を知りたいときに読もう。

東樹宏和（2016）『DNA 情報で生態系を読み解く』共立出版

生物群集の仕組みを解析するための手法が、サンプリングからDNA メタバーコーディング実験、バイオインフォマティクス、そして生態ネットワーク調査まで、詳しく解説されている。特に、DNA メタバーコーディングのためのプログラム claident や生物群集解析のための R のコマンドが書かれており、初学者に有用な情報が満載である。実際に DNA メタバーコーディング分析をしたいときに読もう。

島田卓哉（2022）『野ネズミとドングリ──タンニンという毒とうまくつきあう方法』東京大学出版会

本書でも説明したアカネズミとドングリの間の関係性について論じた本。特に、ドングリが持つ毒であるタンニンにアカネズミがどのように対応しているのか、ドングリの豊凶が、ネズミ類の個体数にどのように影響しているのかがわかりやすく解説されている。動物と植物の相互作用について知りたいときに読もう。

小池伸介・佐藤淳・佐々木基樹・江成広斗（2022）『哺乳類学』東京大学出版会

本書でも主題であった哺乳類の進化から始まり、形態、生態、保全という 4

つの観点から哺乳類を学ぶ教科書。現在の哺乳類学がどこまで進んでいるのかを知ることのできる本。哺乳類の研究をしたいと考えている4年生や大学院生は読もう。

柳川久監修／塚田英晴・園田陽一編（2023）『野生動物のロードキル』東京大学出版会

道路による森の分断化は野生動物の移動に影響を与えている。この本では、道路が野生動物に直接的な影響を与えた結果であるロードキルの事例が紹介されており、どのようにこの問題を解決するのがよいのかが論じられている。わたしは、この本のなかで富士山や福山大学キャンパスにおいて、道路ほか人工物が野ネズミの遺伝的分化にどのような影響をもたらしたのかを論じた。生物多様性と社会との関わりを理解したいときに読もう。

参考文献

[英文]

Baldwin, M. W., Y. Toda, T. Nakagita, M. J. O'Connell, K. C. Klasing, T. Misaka, S. V. Edwards and S. D. Liberles. 2014. Sensory biology: evolution of sweet taste perception in hummingbirds by transformation of the ancestral umami receptor. Science, 345: 929–933.

Ceballos, G., P. R. Ehrlich and P. H. Raven. 2020. Vertebrates on the brink as indicators of biological annihilation and the sixth mass extinction. Proceedings of the National Academy of Sciences of the United States of America, 117 (24): 13596–13602.

Cerling, T. E., J. M. Harris, B. J. MacFadden, M. G. Leakey, J. Quadek, V. Eisenmann and J. R. Ehleringer. 1997. Global vegetation change through the Miocene/Pliocene boundary. Nature, 389: 153–158.

Dettman, D. L., M. J. Kohn, J. Quade, F. J. Ryerson, T. P. Ojha and S. Hamidullah. 2001. Seasonal stable isotope evidence for a strong Asian monsoon throughout the past 10.7 m.y. Geology, 29: 31–34.

Flynn, J. J., J. A. Finarelli, S. Zehr, J. Hsu and M. A. Nedbal. 2005. Molecular phylogeny of the Carnivora (Mammalia): assessing the impact of increased sampling on resolving enigmatic relationships. Systematic Biology, 54: 317–337.

Hirata, D., T. Mano, A. V. Abramov, G. F. Baryshnikov, P. A. Kosintsev, A. A. Vorobiev, E. G. Raichev, H. Tsunoda, Y. Kaneko, M. Murata, D. Fukui and R. Masuda. 2013. Molecular phylogeography of the brown bear (*Ursus arctos*) in northeastern Asia based on analyses of complete mitochondrial DNA sequences. Molecular Biology and Evolution, 30: 1644–1652.

Honda, A., S. Murakami, M. Harada, K. Tsuchiya, G. Kinoshita and H. Suzuki. 2019. Late Pleistocene climate change and population dynamics of Japanese *Myodes* voles inferred from mitochondrial cytochrome *b* sequences. Journal of Mammalogy, 100: 1156–1168.

Hong, W. and H. Zhao. 2014. Vampire bats exhibit evolutionary reduction of bitter taste receptor genes common to other bats. Proceedings of the Royal Society Biological Sciences, 281: 20141079.

Hosaka, T., K. Sugimoto and S. Numata. 2017. Childhood experience of nature influences the willingness to coexist with biodiversity in cities. Palgrave Communications, 3: 17071.

Hosoda, T., H. Suzuki, M. Harada, K. Tsuchiya, S. H. Han, Y. Zhang, A. P. Kryukov and L. K. Lin. 2000. Evolutionary trends of the mitochondrial lineage differentiation in species of genera *Martes* and *Mustela*. Genes and Genetic Systems, 75: 259–267.

Hosoya, S., S. Hirase, K. Kikuchi, K. Nanjo, Y. Nakamura, H. Kohno and M. Sano. 2019.

Random PCR-based genotyping by sequencing technology GRAS-Di (genotyping by random amplicon sequencing, direct) reveals genetic structure of mangrove fishes. Molecular Ecology Resources, 19: 1153–1163.

Hoyt, S. J., J. M. Storer, G. A. Hartley, P. G. S. Grady, A. Gershman, L. G. de Lima, C. Limouse, R. Halabian, L. Wojenski, M. Rodriguez, N. Altemose, A. Rhie, L. J. Core, J. L. Gerton, W. Makalowski, D. Olson, J. Rosen, A. F. A. Smit, A. F. Straight, M. R. Vollger, T. J. Wheeler, M. C. Schatz, E. E. Eichler, A. M. Phillippy, W. Timp, K. H. Miga and R. J. O'Neill. 2022. From telomere to telomere: the transcriptional and epigenetic state of human repeat elements. Science, 376 (6588): eabk3112.

Hu, Y., Q. Wu, S. Ma, T. Ma, L. Shan, X. Wang, Y. Nie, Z. Ning, L. Yan, Y. Xiu and F. Wei. 2017. Comparative genomics reveals convergent evolution between the bamboo-eating giant and red pandas. Proceedings of the National Academy of Sciences of the United States of America, 114: 1081–1086.

Ishida, K., J. J. Sato, G. Kinoshita, T. Honda, A. P. Kryukov and H. Suzuki. 2013. Evolutionary history of the sable (*Martes zibelling brachyura*) on Hokkaido inferred from mitochondrial Cyt*b* and nuclear *Mclr* and *Tcf25* gene sequences. Acta Theriologica, 58: 13–24.

Ishimaru, Y., H. Inaba, M. Kubota, H. Zhuang, M. Tominaga and H. Matsunami. 2006. Transient receptor potential family members PKD1L3 and PKD2L1 form a candidate sour taste receptor. Proceedings of the National Academy of Sciences of the United States of America, 103: 12569–12574.

Jiang, P., J. Josue, X. Li, D. Glaser, W. Li, J. G. Brand, R. F. Margolskee, D. R. Reed and G. K. Beauchamp. 2012. Major taste loss in carnivorous mammals. Proceedings of the National Academy of Sciences of the United States of America, 109: 4956–4961.

Johnson, M. T. J. and J. Munshi-South. 2017. Evolution of life in urban environments. Science, 358: eaam 8327.

Jones, M. R. and J. M. Good. 2015. Targeted capture in evolutionary and ecological genomics. Molecular Ecology, 25: 185–202.

Kirihara, T., A. Shinohara, K. Tsuchiya, M. Harada, A. P. Kryukov and H. Suzuki. 2013. Spatial and temporal aspects of occurrence of *Mogera* species in the Japanese Islands inferred from mitochondrial and nuclear gene sequences. Zoological Science, 30: 267–281.

Kutschera, V. E., N. Lecomte, A. Janke, N. Selva, A. A. Sokolov, T. Haun, K. Steyer, C. Nowak and F. Hailer. 2013. A range-wide synthesis and timeline for phylogeographic events in the red fox (*Vulpes vulpes*). BMC Evolutionary Biology, 13: 114.

Lavialle, C., G. Cornelis, A. Dupressoir, C. Esnault, O. Heidmann, C. Vernochet and T. Heidmann. 2013. Paleovirology of 'syncytins', retroviral env genes exapted for a role in placentation. Philosophical Transactions of the Royal Society B: Biological Sciences, 368: 20120507.

Li, R., W. Fan, G. Tian, H. Zhu, L. He, J. Cai, Q. Huang, Q. Cai, B. Li, Y. Bai, Z. Zhang, Y.

Zhang, W. Wang, J. Li, F. Wei, H. Li, M. Jian, J. Li, Z. Zhang, R. Nielsen, D. Li, W. Gu, Z. Yang, Z. Xuan, O. A. Ryder, F. C. Leung, Y. Zhou, J. Cao, X. Sun, Y. Fu, X. Fang, X. Guo, B. Wang, R. Hou, F. Shen, B. Mu, P. Ni, R. Lin, W. Qian, G. Wang, C. Yu, W. Nie, J. Wang, Z. Wu, H. Liang, J. Min, Q. Wu, S. Cheng, J. Ruan, M. Wang, Z. Shi, M. Wen, B. Liu, X. Ren, H. Zheng, D. Dong, K. Cook, G. Shan, H. Zhang, C. Kosiol, X. Xie, Z. Lu, H. Zheng, Y. Li, C. C. Steiner, T. T. Lam, S. Lin, Q. Zhang, G. Li, J. Tian, T. Gong, H. Liu, D. Zhang, L. Fang, C. Ye, J. Zhang, W. Hu, A. Xu, Y. Ren, G. Zhang, M. W. Bruford, Q. Li, L. Ma, Y. Guo, N. An, Y. Hu, Y. Zheng, Y. Shi, Z. Li, Q. Liu, Y. Chen, J. Zhao, N. Qu, S. Zhao, F. Tian, X. Wang, H. Wang, L. Xu, X. Liu, T. Vinar, Y. Wang, T. W. Lam, S. M. Yiu, S. Liu, H. Zhang, D. Li, Y. Huang, X. Wang, G. Yang, Z. Jiang, J. Wang, N. Qin, L. Li, J. Li, L. Bolund, K. Kristiansen, G. K. Wong, M. Olson, X. Zhang, S. Li, H. Yang, J. Wang and J. Wang. 2010. The sequence and de novo assembly of the giant panda genome. Nature, 463: 311–317.

Li, X., W. Li, H. Wang, J. Cao, K. Maehashi, L. Huang, A. A. Bachmanov, D. R. Reed, V. Legrand-Defretin, G. K. Beauchamp and J. G. Brand. 2005. Pseudogenization of a sweet-receptor gene accounts for cats' indifference toward sugar. PLoS Genetics, 1: 27–35.

Madsen, O., M. Scally, C. J. Douady, D. J. Kao, R. W. DeBry, R. Adkins, H. M. Amrine, M. J. Stanhope, W. W. de Jong and M. S. Springer. 2001. Parallel adaptive radiations in two major clades of placental mammals. Nature, 409: 610–614.

McLaren, I. A. 1969. Are the Pinnipedia Biphyletic? Systematic Zoology, 9: 18–28.

Molnar, P., P. England and J. Martinod, 1993. Mantle dynamics, uplift of the Tibetan Plateau, and the Indian Monsoon. Reviews of Geophysics, 31: 357–396.

Murano, C., J. J. Sato, T. Wada, S. Kasahara and N. Azuma. 2023. Genetic analyses of Japanese field vole *Alexandromys* (*Microtus*) *montebelli* winter diet in apple orchards with deep snow cover. Mammal Study, 48: 219–229.

Murphy, W. J., E. Eizirik, W. E. Johnson, Y. P. Zhang, O. A. Ryder and S. J. O'Brien. 2001. Molecular phylogenetics and the origins of placental mammals. Nature, 409: 614–618.

Nabholz, B., S. Glémin and N. Galtier. 2008. Strong variations of mitochondrial mutation rate across mammals: the longevity hypothesis. Molecular Biology and Evolution, 25: 120–130.

Nagata, J., R. Masuda, H. B. Tamate, S. Hamasaki, K. Ochiai, M. Asada, S. Tatsuzawa, K. Suda, H. Tado and M. C. Yoshida. 1999. Two genetically distinct lineages of the sika deer, *Cervus nippon*, in Japanese Islands: comparison of mitochondrial D-loop region sequences. Molecular Phylogenetics and Evolution, 13: 511–519.

Nikaido, M., A. P. Rooney and N. Okada. 1999. Phylogenetic relationships among cetartiodactyls based on insertions of short and long interpersed elements: hippopotamuses are the closest extant relatives of whales. Proceedings of the National Academy of Sciences of the United States of America, 96: 10261–10266.

Nishihara, H. 2019. Retrotransposons spread potential cis-regulatory elements during mammary gland evolution. Nucleic Acids Research, 47 (22): 11551–11562.

Nishihara, H., N. Kobayashi, C. Kimura-Yoshida, K. Yan, O. Bormuth, Q. Ding, A. Nakanishi, T. Sasaki, M. Hirakawa, K. Sumiyama, Y. Furuta, V. Tarabykin, I. Matsuo and N. Okada. 2016. Coordinately co-opted multiple transposable elements constitute an enhancer for wnt5a expression in the mammalian secondary palate. PLoS Genetics, 12 (10): e1006380.

Ohshima, K. 1991. The late-quaternary sea-level change of the Japanese Islands. Journal of Geography (Chigaku Zasshi), 100: 967–975 (in Japanese).

Otofuji, Y., T. Matsuda and S. Nohda. 1985. Opening mode of the Japan Sea inferred from the palaeomagnetism of the Japan Arc. Nature, 317: 603–604.

Richardson, K., W. Steffen, W. Lucht, J. Bendtsen, S. E. Cornell, J. F. Donges, M. Drüke, I. Fetzer, G. Bala, W. von Bloh, G. Feulner, S. Fiedler, D. Gerten, T. Gleeson, M. Hofmann, W. Huiskamp, M. Kummu, C. Mohan, D. Nogués-Bravo, S. Petri, M. Porkka, S. Rahmstorf, S. Schaphoff, K. Thonicke, A. Tobian, V. Virkki, L. Wang-Erlandsson, L. Weber and J. Rockström. 2023. Earth beyond six of nine planetary boundaries. Science Advances, 9: eadh 2458.

Rockström, J., W. Steffen, K. Noone, Å. Persson, F. S. Chapin III, E. F. Lambin, T. M. Lenton, M. Scheffer, C. Folke, H. J. Schellnhuber, B. Nykvist, C. A. de Wit, T. Hughes, S. van der Leeuw, H. Rodhe, S. Sörlin, P. K. Snyder, R. Costanza, U. Svedin, M. Falkenmark, L. Karlberg, R. W. Corell, V. J. Fabry, J. Hansen, B. Walker, D. Liverman, K. Richardson, P. Crutzen and J. A. Foley. 2009. Planetary boundaries: exploring the safe operating space for humanity. Ecology and Society, 14: 32.

Rohling, E. J., G. L. Foster, K. M. Grant, G. Marino, A. P. Roberts, M. E. Tamisiea and F. Williams. 2014. Sea-level and deep-sea-temperature variability over the past 5.3 million years. Nature, 508: 477–482.

Rybczynski, N., M. R. Dawson and R. H. Tedford. 2009. A semi-aquatic Arctic mammalian carnivore from the Miocene epoch and origin of Pinnipedia. Nature, 458: 1021–1024.

Sato, J. J. 2007. Molecular phylogeny of the family Mustelidae (Carnivora, Mammalia). Ph. D. Thesis, Hokkaido University.

Sato, J. J. 2016a. A review on the process of mammalian faunal assembly in Japan: insight from the molecular phylogenetics. In (Motokawa, M. and H. Kajihara, eds.) Species Diversity of Animals in Japan. Springer, Japan. pp. 49–116.

Sato, J. J. 2016b. The systematics and taxonomy of the world's badger species: a review. In (Proulx, G. and E. Do Linh San, eds.) Badgers: Systematics, Ecology, Behaviour and Conservation. Alpha Wildlife Publications, Sherwood Park, Alberta, Canada, pp. 1–30.

Sato, J. J., M. Wolsan, H. Suzuki, T. Hosoda, Y. Yamaguchi, K. Hiyama, M. Kobayashi and S. Minami. 2006. Evidence from nuclear DNA sequences shed light on the phylogenetic relationships of Pinnipeds: single origin with affinity to Musteloidea. Zoological Science, 23: 125–146.

Sato, J. J., M. Wolsan, S. Minami, T. Hosoda, M. H. Sinaga, K. Hiyama, Y. Yamaguchi and H. Suzuki. 2009. Deciphering and dating the red panda's ancestry and early adaptive radiation of Musteloidea. Molecular Phylogenetics and Evolution, 53: 907–922.

Sato, J. J. and M. Wolsan. 2012. Loss or major reduction of umami taste sensation in pinnipeds. Naturwissenschaften, 99: 655–659.

Sato, J. J., M. Wolsan, F. J. Prevosti, G. Delia, C. Begg, K. Begg, T. Hosoda, K. L. Campbell and H. Suzuki. 2012. Evolutionary and biogeographic history of weasel-like carnivorans (Musteloidea). Molecular Phylogenetics and Evolution, 63: 745–757.

Sato, J. J., S. D. Ohdachi, L. Echenique-Diaz, L. Borroto-Páez, G. Begué-Quiala, J. L. Delgado-Labañino, J. Gámez-Díez, J. Alvarez-Lemus, S. T. Nguyen, N. Yamaguchi and M. Kita. 2016. Molecular phylogenetic analysis of nuclear genes suggests a Cenozoic over-water dispersal origin for the Cuban solenodon. Scientific Reports, 6: 31173.

Sato, J. J., Y. Tasaka, R. Tasaka, K. Gunji, Y. Yamamoto, Y. Takada, Y. Uematsu, E. Sakai, T. Tateishi and Y. Yamaguchi. 2017. Effects of isolation by continental islands in the Seto Inland Sea, Japan, on genetic diversity of the large Japanese field mouse, *Apodemus speciosus* (Rodentia: Muridae), inferred from the mitochondrial D-loop region. Zoological Science, 34: 112–121.

Sato, J. J., T. Shimada, D. Kyogoku, T. Komura, S. Uemura, T. Saitoh and Y. Isagi. 2018. Dietary niche partitioning between sympatric wood mouse species (Muridae: *Apodemus*) revealed by DNA meta-barcoding analysis. Journal of Mammalogy, 99: 952–964.

Sato, J. J., T. M. Bradford, K. N. Armstrong, S. C. Donnellan, L. M. Echenique-Diaz, G. Begué-Quiala, J. Gámez-Díez, N. Yamaguchi, S. T. Nguyen, M. Kita and S. D. Ohdachi. 2019a. Post K-Pg diversification of the mammalian order Eulipotyphla as suggested by phylogenomic analyses of ultra-conserved elements. Molecular Phylogenetics and Evolution, 141: 106605.

Sato, J. J., D. Kyogoku, T. Komura, C. Inamori, K. Maeda, Y. Yamaguchi and Y. Isagi. 2019b. Potential and pitfalls of the DNA metabarcoding analyses for the dietary study of the large Japanese wood mouse *Apodemus speciosus* on Seto Inland Sea islands. Mammal Study, 44: 221–231.

Sato, J. J., H. Aiba, K. Ohtake and S. Minato. 2020. Evolutionary and anthropogenic factors affecting the mitochondrial D-loop genetic diversity of *Apodemus* and *Myodes* rodents on the northern slope of Mt. Fuji. Mammal Study, 45: 315–325.

Sato, J. J. and K. Yasuda. 2022. Ancient rivers shaped the current genetic diversity of the wood mouse (*Apodemus speciosus*) on the islands of the Seto Inland Sea, Japan. Zoological Letters, 8: 9.

Sato, J. J., Y. Ohtsuki, N. Nishiura and K. Mouri. 2022. DNA metabarcoding dietary analyses of the wood mouse *Apodemus speciosus* on Innoshima Island, Japan, and implications for primer choice. Mammal Research, 67: 109–122.

Segawa, T., T. Yonezawa, H. Mori, A. Akiyoshi, M. E. Allentoft, A. Kohno, F. Tokanai, E. Willerslev, N. Kohno and H. Nishihara. 2021. Ancient DNA reveals multiple origins and migration waves of extinct Japanese brown bear lineages. Royal Society Open Science, 8: 210518.

Simpson, G. G. 1945. The principles of classification and a classification of mammals. Bulletin of the American Museum of Natural History, 85: 1–350.

Sosdian, S. and T. Rosenthal. 2009. Deep-sea temperature and ice volume changes across the Pliocene-Pleistocene climate transitions. Science, 325 (5938): 306–310.

Spratt, R. M. and L. E. Lisiecki. 2016. A Late Pleistocene sea level stack. Climate of the Past, 12: 1079–1092.

Strauss, S. Y., C. O. Webb and N. Salamin. 2006. Exotic taxa less related to native species are more invasive. Proceedings of the National Academy of Sciences of the United States of America, 103: 5841–5845.

Suyama, Y. and Y. Matsuki. 2014. MIG-seq: an effective PCR-based method for genome-wide single-nucleotide polymorphism genotyping using the next-generation sequencing platform. Scientific Reports, 5: 16963.

Suzuki, H., J. J. Sato, K. Tsuchiya, J. Luo, Y.-P. Zhang, Y.-X. Wang and X.-L. Jiang. 2003. Molecular phylogeny of wood mice (*Apodemus*, Murinae) in East Asia. Biological Journal of the Linnean Society, 80: 469–481.

Suzuki, H., M. G. Filippucci, G. N. Chelomina, J. J. Sato, K. Serizawa and E. Nevo. 2008. A biogeographic view of *Apodemus* in Asia and Europe inferred from nuclear and mitochondrial gene sequences. Biochemical Genetics, 46: 329–346.

Tedford, R. H. 1976. Relationship of pinnipeds to other carnivores (Mammalia). Systematic Zoology, 25: 363–374.

Toda, Y., M. C. Ko, Q. Liang, E. T. Miller, A. Rico-Guevara, T. Nakagita, A. Sakakibara, K. Uemura, T. Sackton, T. Hayakawa, S. Y. W. Sin, Y. Ishimaru, T. Misaka, P. Oteiza, J. Crall, S. V. Edwards, W. Buttemer, S. Matsumura and M. W. Baldwin. 2021. Early origin of sweet perception in the songbird radiation. Science, 373: 226–231.

Tu, Y.-H., A. J. Cooper, B. Teng, R. B. Chang, D. J. Artiga, H. N. Turner, E. M. Mulhall, W. Ye, A. D. Smith and E. R. Kiman. 2018. An evolutionarily conserved gene family encodes proton-selective ion channels. Science, 359: 1047–1050.

Verbrugghe, A., M. Hesta, S. Daminet and G. P. Janssens. 2012. Nutritional modulation of insulin resistance in the true carnivorous cat: a review. Critical Reviews in Food Science and Nutrition, 52: 172–182.

Wichmann, L. and M. Althaus. 2020. Evolution of epithelial sodium channels: current concepts and hypotheses. American Journal of Physiology, Regulatory, Integrative and Comparative Physiology, 319: R387–R400.

Wolsan, M. and J. J. Sato. 2020. Parallel loss of sweet and umami taste receptor function from phocids and otarioids suggests multiple colonizations of the marine realm by pinnipeds. Journal of Biogeography, 47: 235–249.

Yarmolinsky, D. A., C. S. Zuker and N. J. Ryba. 2009. Common sense about taste: from

mammals to insects. Cell, 139: 234–244.
Yasuhara, M. 2008. Holocene ostracod palaeogeography of the Seto Inland Sea, Japan: impact of opening of the strait. Journal of Micropalaeontology, 27: 111–116.
Yoder, A. D. and G. P. Tiley. 2021. The challenge and promise of estimating the de novo mutation rate from whole-genome comparisons among closely related individuals. Molecular Ecology, 30: 6087–6100.
Zachos, J., M. Pagani, L. Sloan, E. Thomas and K. Billups. 2001. Trends, rhythms and aberrations in global climate 65 Ma to present. Science, 292: 686–693.
Zhao, H., J. R. Yang, H. Xu and J. Zhang. 2010. Pseudogenization of the umami taste receptor gene *Tas1r1* in the giant panda coincided with its dietary switch to bamboo. Molecular Biology and Evolution, 27: 2669–2673.
Zhao, H., D. Xu, S. Zhang and J. Zhang. 2012. Genomic and genetic evidence for the loss of umami taste in bats. Genome Biology and Evolution, 4: 73–79.
Zhao, H., J. Li and J. Zhang. 2015. Molecular evidence for the loss of three basic tastes in penguins. Current Biology, 25: R141–142.
Zhu, K., X. Zhou, S. Xu, D. Sun, W. Ren, K. Zhou and G. Yang. 2014. The loss of taste genes in cetaceans. BMC Evolutionary Biology, 14: 218.
Zuckerkandl, E. and L. Pauling. 1965. Evolutionary divergence and convergence in proteins. In (Bryson, V. and H. J. Vogel, eds.) Evolving Genes and Proteins. pp. 97–166.

[和文]

ジャレド・ダイアモンド．2000．銃・病原菌・鉄（倉骨彰 訳）．草思社．
ジャレド・ダイアモンド．2005．文明崩壊（楡井浩一 訳）．草思社．
藤岡換太郎．2018．フォッサマグナ――日本列島を分断する巨大地溝の正体．講談社ブルーバックス．
蒲生俊敬．2016．日本海――その深層で起こっていること．講談社ブルーバックス．
環境省 せとうちネット https://www.env.go.jp/water/heisa/heisa_net/setouchiNet/seto/index.html
ケヴィン・ケリー．2021．5000 日後の世界．PHP 新書．
北川建次・高橋衛・印南敏秀・関太郎・佐竹昭．2007．瀬戸内海辞典．南々社．
桑代勲．1972．瀬戸内海の地形発達史．桑代勲遺稿出版委員会．
日本進化学会編．2012．進化学事典．共立出版．
奥田昌子．2022．日本人の遺伝子．講談社ブルーバックス．
ダニエル・リーバーマン．2017．人体 600 万年史（塩原通緒 訳）．ハヤカワ文庫．
佐野貴司・矢部淳・齋藤めぐみ．2022．日本の気候変動 5000 万年史．講談社ブルーバックス．
佐藤淳．2022．第 I 部 進化．哺乳類学（小池伸介・佐藤淳・佐々木基樹・江成広斗 著）．東京大学出版会，pp. 11–99．
佐藤淳．2023．野ネズミ――森の分断化が遺伝的分化に与える影響（第 12 章）．野生動物のロードキル（柳川久監修，塚田英晴・園田陽一編）．東京大学出版会，pp. 194–

206.
佐藤淳・木下豪太. 2020. 次世代シークエンス時代の哺乳類学——初学者への誘い. 哺乳類科学, 60: 307-318.
島田卓哉. 2022. 野ネズミとドングリ——タンニンという毒とうまくつきあう方法. 東京大学出版会.
土屋公幸. 1974. 日本産アカネズミ類の細胞学的および生化学的研究. 哺乳動物学雑誌, 6 (2): 67-87.
和田一雄・伊藤徹魯. 1999. 鰭脚類——アシカ・アザラシの自然史. 東京大学出版会.
全米アカデミーズホームページ：https://www.nationalacademies.org/evolution/definitions

索引

ア行

カ行

サ行

タ行

ナ行

ハ行

マ行

ヤ行

ラ行

ワ行

著者略歴
佐藤　淳（さとう・じゅん）

1976年　北海道に生まれる.
2003年　北海道大学大学院地球環境科学研究科修士課程修了.
現　在　福山大学生命工学部生物科学科教授，博士（地球環境科学）.
福山大学グリーンサイエンス研究センター・センター長.
日本哺乳類学会英文誌Mammal Study編集長（2020-2024）.
専　門　進化生物学・生態学——哺乳類の分子系統，味覚受容体遺伝子の分子進化,
日本の哺乳類の起源，進化，および生態に関する研究.
主　著　『日本のネズミ——多様性と進化』（分担執筆，2016年，東京大学出版会）,
“Species Diversity of Animals in Japan”（分担執筆，2016年，Springer）,
“Small Carnivores: Evolution, Ecology, Behaviour and Conservation”（共著，2022年，Wiley Blackwell）,
『哺乳類学』（共著，2022年，東京大学出版会）,
『野生動物のロードキル』（分担執筆，2023年，東京大学出版会）ほか.

進化生物学
DNAで学ぶ哺乳類の多様性

2024年7月10日　初　版

［検印廃止］

著　者　佐藤　淳

発行所　一般財団法人　東京大学出版会
代表者　吉見俊哉
153-0041 東京都目黒区駒場4-5-29
電話 03-6407-1069　Fax 03-6407-1991
振替 00160-6-59964

印刷所　株式会社精興社
製本所　牧製本印刷株式会社

ISBN 978-4-13-062234-9　Printed in Japan